YouTube Perfect GuideBook

［改訂第5版］

タトラエディット

はじめに

2005 年に YouTube が登場したときのことを、今でもはっきりと覚えています。ベーコンをジュージューとひたすら焼くだけの動画がやたらと目に付きました。「へぇ～、米国人はそんなにベーコンが好きなんだ」とやや冷めた目でながめていた記憶が、いまでもまざまざとよみがえります。

当時、日本では携帯電話が主流。スマートフォンといえば、Windows の簡易版が入った小型コンピュータのことを指すのが一般的で、多くの機種では、動画を撮影することすらできないのが当たり前でした。そうした中で動画をパソコンの中に取り込み、インターネットの向こうに転送するのには、とてつもない労力が必要だったのです。

現在は iPhone や Android などの登場でスマートフォンの映像処理能力が格段に増加し、手軽に扱えるようになりました。YouTube には、1 分あたり 500 時間もの映像がアップロードされているそうです。これは、東京で放送されている全地上波テレビ放送の約 4 日分に相当します。

YouTube の映像は、テレビ番組のようなきれいに編集されたものばかりではありません。日常の一部が切り取られたかのような、地味なものもたくさんあります。にもかかわらず、多くの人が夢中になるのは、映像にありのままの面白さがあるからではないでしょうか。

YouTube の最大の魅力は、テレビのように情報を消費するだけでなく、ストックしておけるという点にあります。再生リストやチャンネルを活用したり、時には自分でアップロードすることによって、趣味や仕事、学びなどさまざまな場面で活用できます。多くの機能を備えている一方で、どのように使えばいいのかわからない、と思ってしまう人もいるのではないでしょうか。

本書は 2012 年執筆の『YouTube Perfect GuideBook』を元に最新版の YouTube に対応できるよう徹底的に検証を行い、ほぼすべてのページを書き直しています。動画の検索・視聴といった基本操作はもちろん、投稿や動画を広めるためのテクニックや YouTube を収益化する方法についても解説しています。特に使いやすくなったスマートフォンアプリにも大きくページを割いています。

より多くの方々が YouTube を使いこなせるよう願っています。

最後に、本書を執筆、改訂のチャンスをいただきましたソーテック社のみなさま、遅筆にもかかわらず、脱稿まで温かくお声を掛けてくださったソーテック社編集部、その他の関係者のみなさまに、心から感謝いたします。

2020 年 9 月吉日
株式会社タトラエディット 外村克也

YouTube Perfect GuideBook

CONTENTS

Part 7 広告の表示とアナリティクス……………… 197

Part 8 その他の詳細設定と活用ワザ……………… 213

本書の使い方

本書は、次のようにページが構成されています。各 Step ごとに内容がまとめられ、見出しに対応した図の手順で YouTube の操作をマスターすることができます。

ちょっと便利な操作や詳しい解説を掲載しています。

TIPS

知っておくと便利な機能やアドバンストテクニックを紹介しています。

Part 1

YouTubeをはじめよう

YouTube は、インターネット上にアップロードされた膨大な動画を自由に検索・閲覧できるビデオライブラリです。Part1 では動画の視聴、ユーザー登録、動画の投稿など、YouTube でできることを簡単に紹介します。

Step 1-1

世界最大の動画サイト「YouTube」について

YouTubeは2005年にスタートした動画配信サービスです。インターネット接続環境があれば、誰でもPCやスマートフォンのブラウザやゲーム機やテレビなどのデバイスを使い、無料で視聴することができます。また、アカウントを登録すると、デフォルトで15分、ユーザー確認作業を行うことで最長12時間（128GB）の動画を投稿することが可能です。

世界中のあらゆる映像が集約される動画配信サービス

インターネット常時接続環境の普及もあり、YouTubeはサービス開始当初より全世界的に爆発的な人気を集めました。2006年には、Googleが運営会社であるYouTube社を買収します。現在、YouTubeはGoogleのサービスの一つです。
その後、2007年には日本語を含めた各言語に次々と対応していきます。世界中の映画会社やテレビ局、レコード会社、アニメーション制作会社、出版社などの著作権者と提携し、ユーザー投稿動画だけではなく、テレビ番組やミュージシャンのプロモーションビデオなど、公式映像も数多く配信されるようになりました。現在では1日に40億回以上動画が再生され、また、全世界のユーザーから毎分500時間分の動画が投稿されています。

あらゆる動画を観られるYouTube
YouTubeのトップページ（http://www.youtube.com/）。
個人が撮影したペットの様子などのプライベートな映像から、テレビ番組、映画の予告編など、全世界のあらゆる動画が集まっています。

YouTubeはGoogleのサービスの中の1つ

前述のとおり、YouTubeはGmailやGoogleドライブなどを運営するGoogle社のサービスの中の1つです。下図は、「Google」のトップページにアクセスした画面です。画面上のGoogleが運営するサービス一覧を開くと、この中にYouTubeへのリンクがあることがわかります。

Googleのサービスの中にYouTubeへのリンクが表示されています

ログインにはGoogleアカウントを利用する

Googleの提供するサービスは、「Googleアカウント」という無料のアカウントを作成し、このアカウントでログインすることで、使うことができるようになります。

動画を検索して観るだけなら、Googleアカウントでログインしなくても使用できますが、例えば観た動画に評価やコメントを付けたり、自分で撮影した動画をアップロードしたりと、動画閲覧以外の機能を使うためには、Googleアカウントでのログインが必要です。
本書では、アカウントを作成し、ログインしてさまざまなYouTubeの機能を使う方法を解説します。
なお、すでにGoogleアカウントを所有し、Gmailなどのグーグルが提供している他のサービスを利用している状態であれば、そのメールアドレスとパスワードでYouTubeにログインできます。

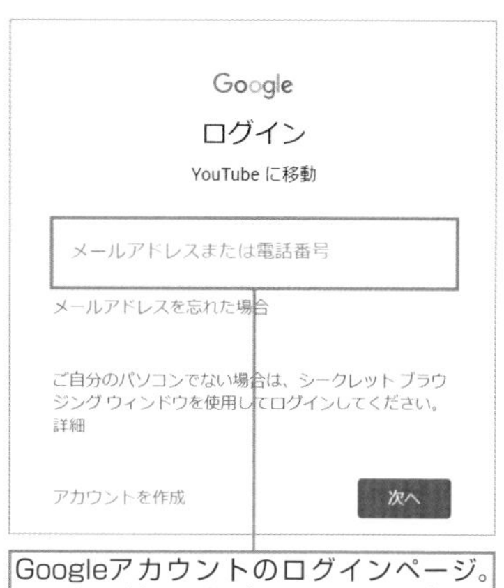

Googleアカウントのログインページ。メールアドレスとパスワードでログインできます

YouTubeを使ってできること

YouTubeは単なる動画を観るためだけのサービスではありません。Googleアカウントでログインすると、自ら動画を投稿したり、YouTube上のお気に入りの動画を紹介したりと、多くの人々と「動画」を通じたコミュニケーションを楽しむことができます。YouTubeを使ってできることの一部を紹介します。

動画の視聴

YouTubeの検索窓にキーワードを入力すると、関連動画が候補に表示され、視聴することができます。視聴するだけなら、Googleアカウントでのログインは必要ありません。YouTubeでは、誰でも動画を検索、再生することができます。詳しくはPart2で解説します。

動画の投稿

自分で撮影した動画をYouTube上にアップロードし、全世界の人に観てもらうこともできます。投稿動画の再生ページにはコメント欄が用意されており、ここを通じて視聴してくれた人から感想をもらったり、返信したりできます。詳しくはPart3で解説します。

動画の評価

動画に評価を付けたり、あとで観るための再生リストに登録しておくことが可能です。これらは「チャンネル」というページで一括管理し、他のユーザーに紹介することも可能です。詳しくはPart4で解説します。

チャンネル

アカウント登録を行うと自分専用の「チャンネル」が作成されます。ここには自分が投稿した動画、高く評価した動画、再生リストに登録した動画などがまとめて表示されており、自分で便利に使うのはもちろん、他のユーザーに公開することもできます。詳しくは、Part4で解説します。

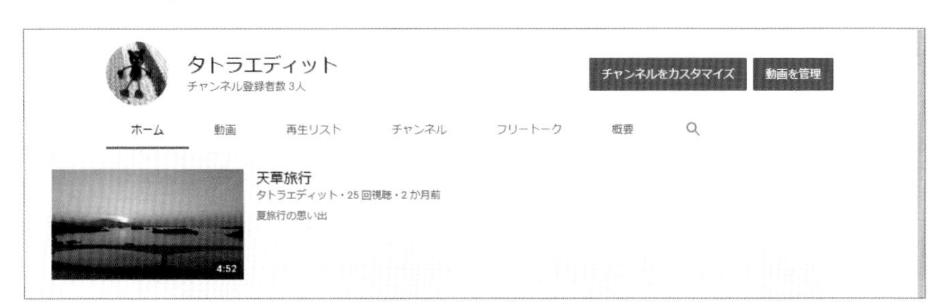

チャンネルの登録

チャンネルには視聴登録という機能が用意されており、他のユーザーのチャンネルを登録しておくと、投稿動画やそのユーザーが「コミュニティ」（99ページ参照）に投稿した内容が自分のタイムライン上に配信されます。チャンネルにはテレビ局や映画配給会社、レコード会社などの企業のものもあり、テレビ番組や映画の予告編、プロモーションビデオなどが配信されています。

他のネットサービスとの連携

YouTubeに はTwitterやFacebookなどのSNS（ソーシャル・ネットワーキング・サービス）との連携機能が用意されています。お気に入りの動画のURLやタイトルなどの情報をSNSに投稿し、共有できます。また、SNSのアカウントをYouTubeに登録しておくことで、動画投稿時などに自動的に情報を共有できます（22ページ参照）。

TIPS

YouTube Premiumに加入する

YouTubeは、無料で提供されているサービスです。動画の視聴はもちろん、アップロードやリアルタイム配信など、すべての機能を無料で使うことができます。こうした無料のサービスは、広告収入が運営を支えるための手段となっています。YouTubeで動画を視聴していると、広告を目にすることが多いのはそのためです。

一方で、YouTubeには「YouTube Premium」という有料会員の制度も設けられています。YouTube Premiumに加入するには月額料金（通常プラン：1,180円）が必要ですが、オフラインで動画再生できたり、動画に挿入される広告を非表示にすることができます。YouTube Premiumへの加入にはクレジットカードが必要です。

▶ YouTube Premiumに登録する

1 左側のメニューにある「YouTube Premium」をクリックします。

2 YouTube Premiumの画面が開くので、「使ってみる」をクリックします。

3 クレジットカード番号とCVCコード、カードの名義、請求先の住所を入力して、「購入」をクリックします。

Part 2

スマートフォンから YouTubeを楽しむ

ここ数年で通信環境とスマートフォンの性能が向上したため、現在はスマートフォンでもパソコンとほぼ同様の感覚で YouTube を利用することができます。また、動画の閲覧だけではなく、内蔵カメラを使った動画の撮影・アップロードもスマートフォンで簡単にできます。

Step 2-1

スマートフォンのYouTubeアプリを使う

iPhoneやAndroidスマートフォンにはYouTubeの専用アプリが用意されています。アプリをダウンロードして使ってみましょう。YouTubeアカウントでサインインすると、PCと同じようにチャンネルなどを使用することができます。

iPhoneアプリでYouTubeを見る

1 App Storeで検索

App Storeで「YouTube」アプリをインストールします。

YouTube

無料 | Google LLC | 写真／ビデオ

2 YouTubeにログイン

YouTubeを起動します。初回起動時はログイン画面が表示されます。「Googleアカウントでログイン」ボタンをタップします。

3 Googleアカウントを入力

Googleアカウントとして登録したメールアドレスを入力して、「次へ」ボタンをタップします。

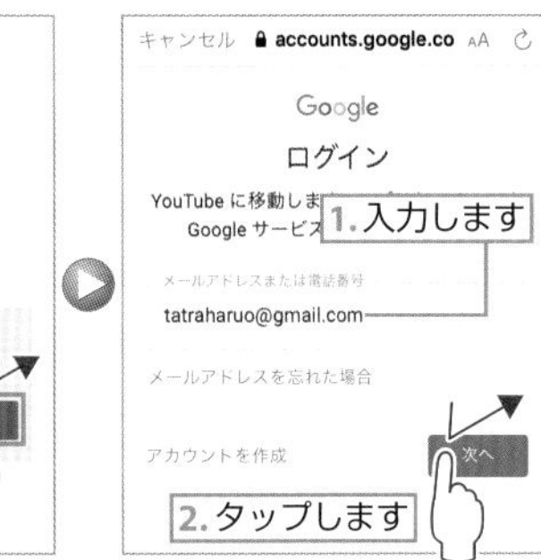

ログインしないで利用するには？

ログインしないで利用したいときは、「ログアウト状態でYouTubeを使用する」をタップします。その場合は、動画の閲覧以外の機能が大幅に制限されます。

すでにGoogleアカウントを登録してある場合

「Chrome」や「Googleマップ」など、Googleが提供している他のアプリをログインして利用している場合、そのアカウント名が表示されることがあります。

この場合は、「○○○として続行」ボタンをタップすることで、ログイン手続きを省いて利用できます。また、「別のアカウントを選択」をタップして、別のアカウントを選択したり登録することもできます。

4 パスワードを入力

パスワードを入力して、「次へ」ボタンをタップします。

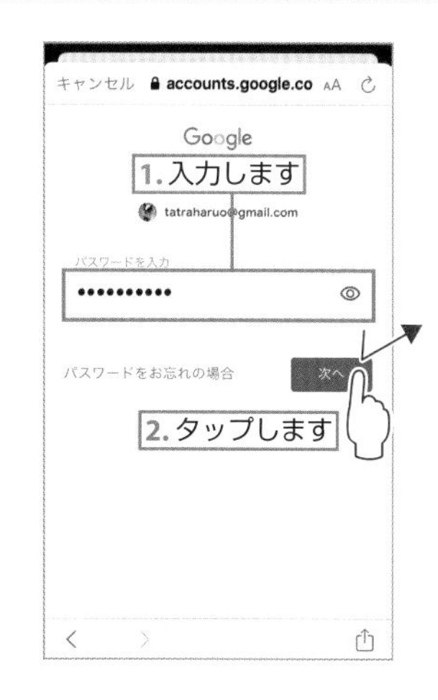

5 通知のオン／オフを選択

お気に入り登録したチャンネルの新作動画を通知してほしい場合は「許可」ボタン、必要ない場合は「許可しない」ボタンをタップします。
この設定は後から変更できます。

6 インストール終了

これで、iPhoneアプリのインストールは終了です。
「YouTube」アプリは、ブラウザ版のYouTubeとほぼ同様の操作で利用できます。

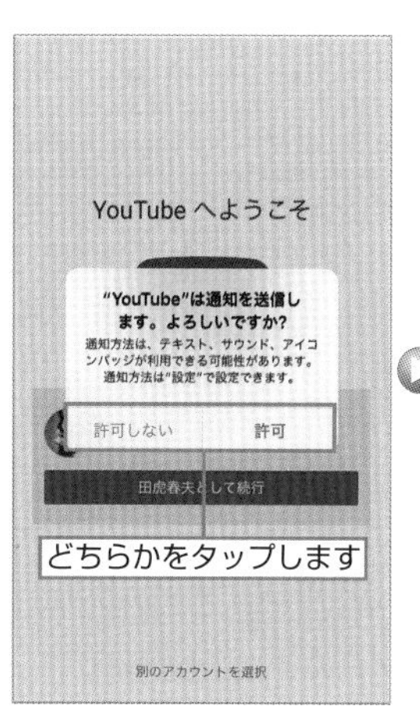

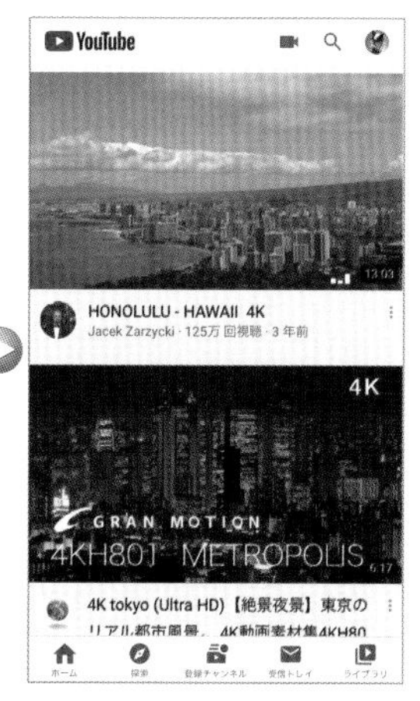

Androidにはあらかじめインストールされている

Androidでは、購入時の状態でYouTubeアプリがインストールされています。アプリを起動するには、Androidのドロワー（アプリ一覧）画面を開き、YouTubeをタップします。

Googleアカウントを作成する

1 チャンネルアイコンをタップする

画面右上のチャンネルアイコンをタップします。

2 「ログイン」をタップする

「ログイン」ボタンをタップします。

3 「アカウントを追加」をタップする

ログイン画面が開きます。「アカウントを追加」をタップします。

4 「アカウントを作成」をタップする

画面左下の「アカウントを作成」→「自分用」をタップします。

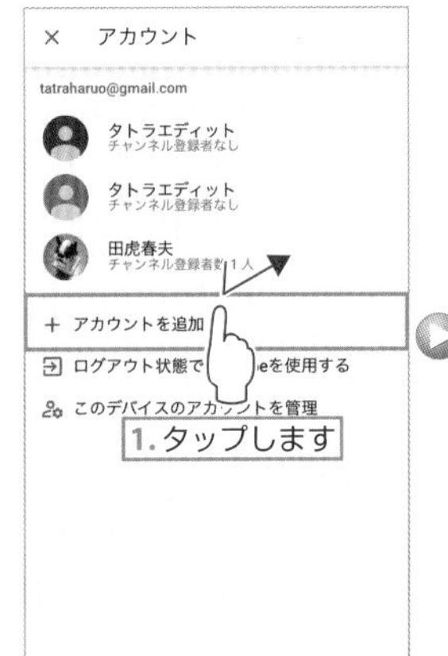

5 名前を入力する

姓名を入力して、「次へ」ボタンをタップします。

6 基本情報を入力する

生年月日と性別を入力して、「次へ」ボタンをタップします。

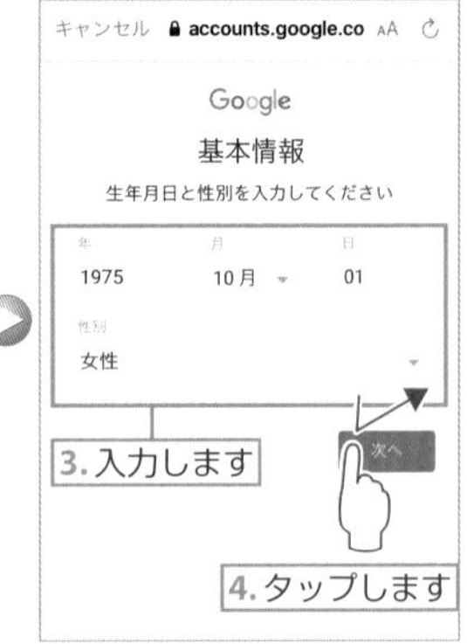

7 アドレスを作成する

自動で作成されたGmailアドレスを選択するか、自分でGmailアドレスを作成し、「次へ」ボタンをタップします。

8 パスワードを作成する

パスワードを入力して、「次へ」ボタンをタップします。

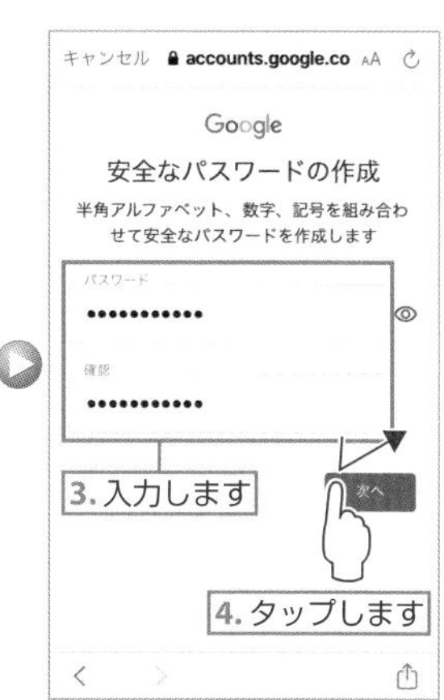

9 電話番号を追加する画面が表示される

電話番号を追加する画面が表示されます。追加する場合は「はい、追加します」をタップします。
ここでは、「スキップ」をタップします。

10 アカウント情報を確認する

「アカウント情報の確認」画面が表示されるので、「次へ」ボタンをタップします。

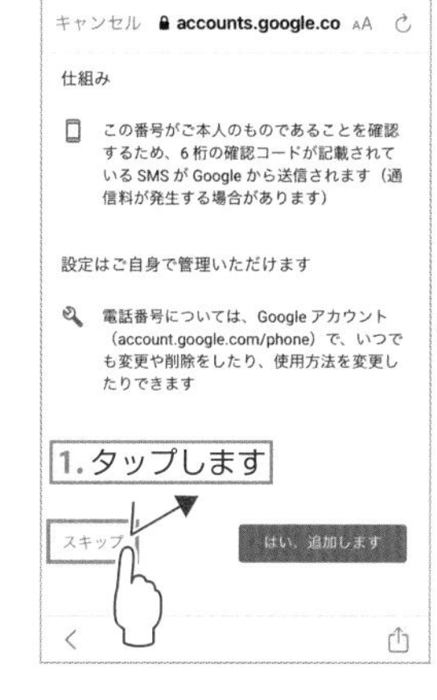

11 「同意する」をタップする

プライバシーポリシーと利用規約の確認画面が表示されます。確認して問題がなければ、「同意する」ボタンをタップします。

12 アカウントが作成された

作成したアカウントでYouTubeにログインした画面が表示されます。

設定画面を開く

画面右上のチャンネルアイコンをタップするとメニューが表示されます。「設定」をタップすると設定画面が表示され、ここから様々な設定を行うことができます。

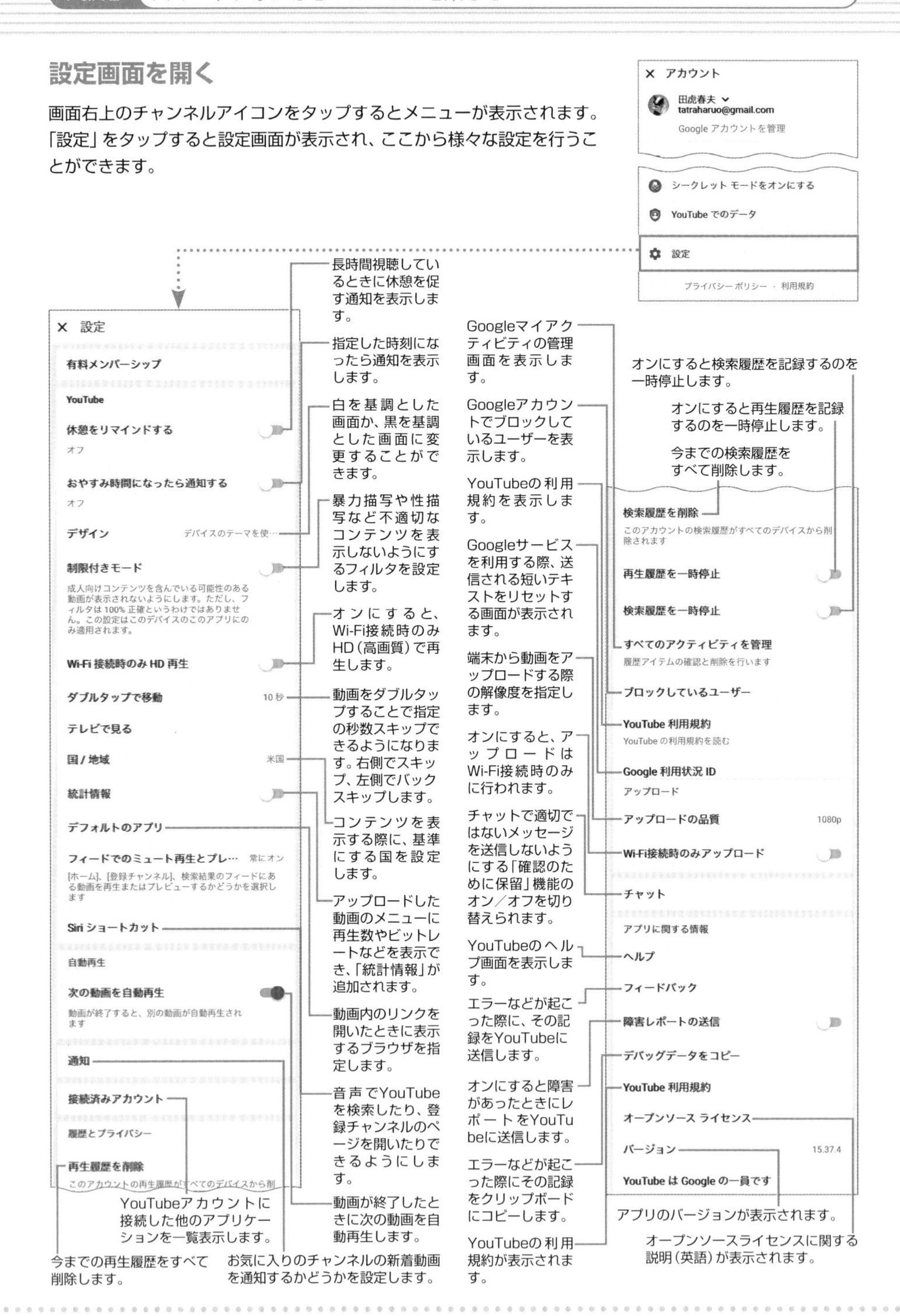

iPad版アプリのメニュー構成

iPadOSのYouTubeアプリは、iPhone用と同じ画面構成なので、本書の解説の操作がそのまま適用できます。

Androidの設定画面

AndroidのYouTubeアプリでは、設定画面がカテゴリ分けされています。
各項目をタップすることで、左ページのような詳細設定項目が表示されるようになっています。

観たい動画を探して再生する

右上のアイコンをタップすると、動画をキーワードで検索することができます。
観たい動画をタップすると、そのまま動画を再生できます。

1 をクリック

動画の右上のアイコンをクリックすると、検索窓が表示されます。動画のジャンル等を入力して検索します。

2 検索結果が表示される

検索結果が表示されるので、好きな動画をタップします。

3 動画のページが開く

動画と情報が表示された個別ページが表示されます。動画部分をタップすると、再生が開始されます。

4 全画面で再生される

右下のをタップすると、動画が全画面に広がって再生されます。

動画を共有する

1 ➡をタップ

動画の右上の共有ボタン➡をクリックすると、共有メニューが表示されます。

2 「Facebook」をタップ

対応するSNSなどが表示されるので、共有先を選択します。ここでは、「Facebook」をタップします。

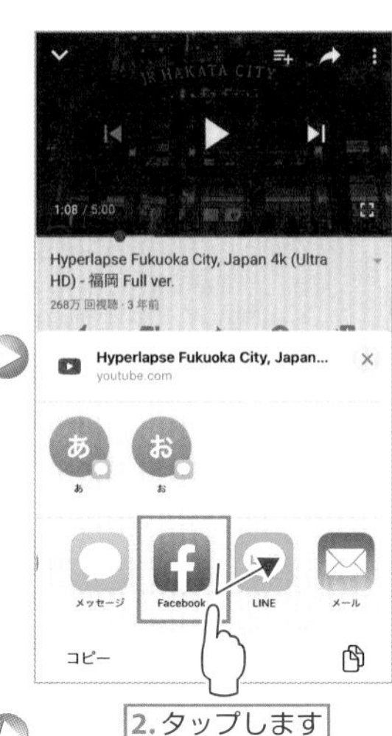

3 「次へ」をタップ

テキストを入力して、「次へ」をタップします。

4 「シェア」をタップ

内容を確認して、「シェア」ボタンをタップします。

5 Facebookで確認

これで、Facebookに投稿できました。「Facebook」アプリをを起動して、確認してみましょう。

評価や再生リストへの追加を行う

パソコンと同様にモバイルからも動画を評価したり、再生リストに追加することができます。

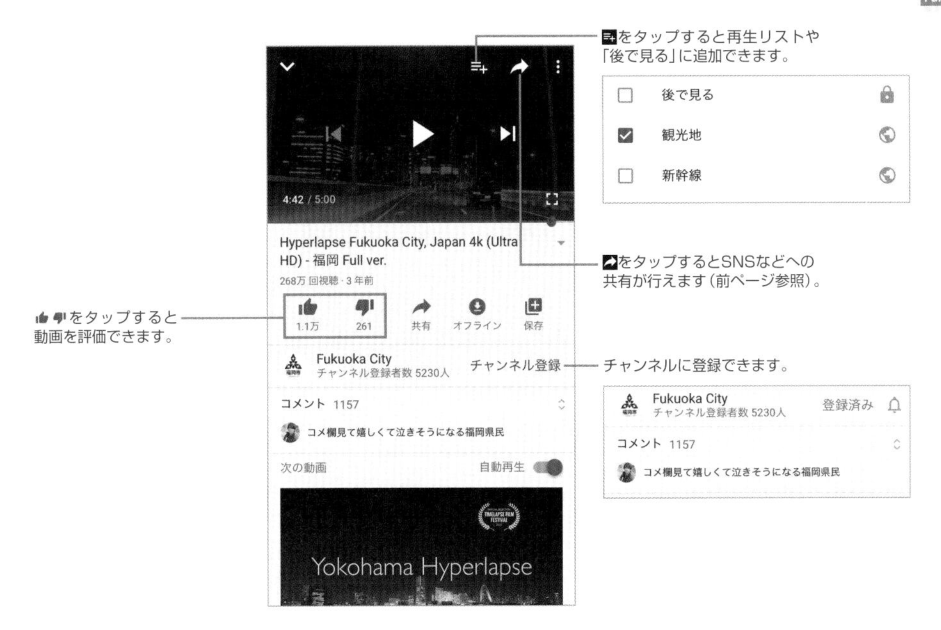

Step 2-2

スマートフォンでチャンネルを活用する

スマートフォンでは、チャンネルを活用することで、より便利に使えるようになります。チャンネルの新着動画を通知したり、チャンネル内の途中まで見た動画をリストアップしたりと、すき間の時間を効率よく使える機能があり、より一層YouTubeを楽しむことができます。

動画をチャンネルリストに登録する

動画をチャンネルリストに登録しておけば、同じ投稿者の動画を一覧表示して探すことができるようになります。あたらしい動画がアップロードされたときに、スマートフォンに通知されるため、見逃しにくくなります。

1 動画ページにアクセスする

好きな動画を見つけたら、動画ビューアー左下のユーザーのアイコンをタップします。

2 チャンネル登録する

チャンネルページが開きます。「チャンネル登録」をタップするとチャンネル登録完了です。

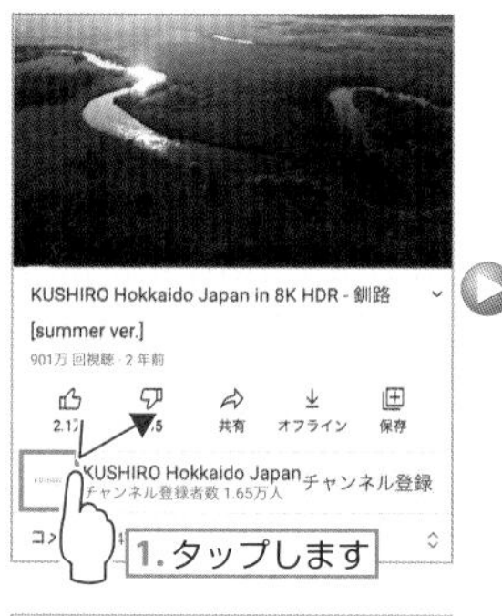

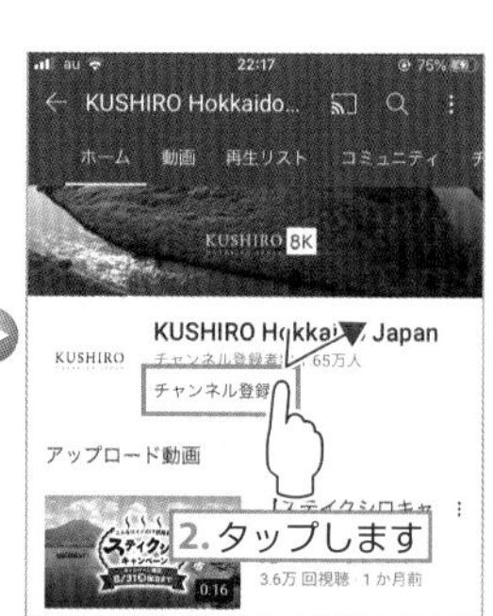

3 登録したチャンネルを確認する

画面下部の「登録チャンネル」をタップします。「登録チャンネル」画面でチェックしたいチャンネルをタップすると、チャンネルが開きます。

登録チャンネルの新着動画をチェックする

登録したチャンネルを一覧表示するには、画面下部の「登録チャンネル」をタップします。全登録チャンネルの中から新しいものが上から順に表示されます。

1 「登録チャンネル」をタップする

画面下部の「登録チャンネル」をタップします。

2 新着動画を確認する

登録したチャンネルの新着動画が一番上に表示されます。

チャンネルの新着動画の通知をオンにする

YouTubeアプリがインストールされたスマートフォンでは、登録したチャンネルの新着通知を受け取ることができます。登録チャンネルごとに通知のオン／オフを切り替えたり、すべての通知を一括でオンに設定することができます。

1 通知設定をオンにする

画面下部の「通知」をタップし、「通知をオンにする」ボタンをタップします。

2 「通知」をタップする

iPhoneの「設定」アプリが開きます。「通知」をタップします。

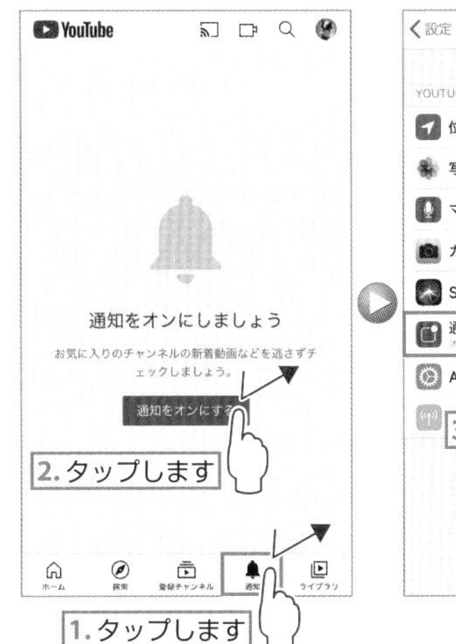

3 「通知を許可」をオンにする

「通知を許可」をタップして、通知をオンにします。

4 「登録チャンネル」をタップする

YouTubeアプリに戻ります。画面下部の「登録チャンネル」をタップし、画面右上の「すべて」をタップします。

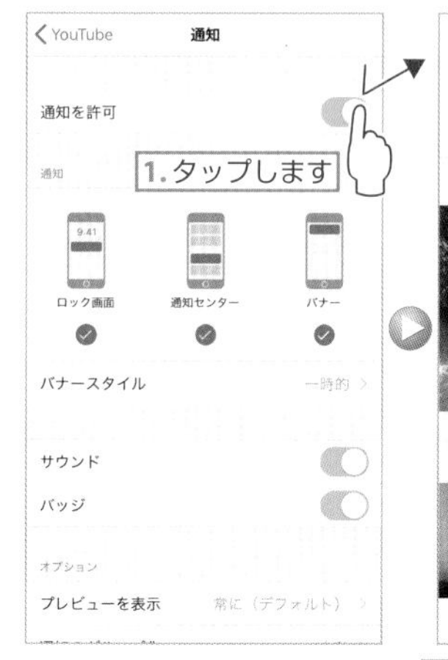

5 「管理」をタップする

画面右上の「管理」をタップします。

6 🔔をタップする

通知をオンにしたいチャンネルの右端にある🔔をタップします。

7 「すべて」をタップする

「すべて」をタップします。

8 すべての通知をオンにできた

すべての通知がオンになりました。

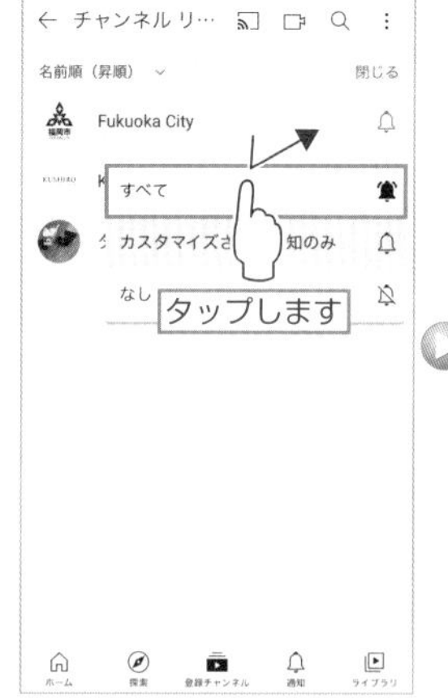

途中まで見た動画だけを一覧表示する

移動中やちょっとした空き時間などに動画を見ていると、途中までしか見られないことがあります。途中まで見た動画はチャンネルフィードから消えてしまい、再び見るときに検索などで探さなくてはならなくなります。
続きから動画を見たい場合は、登録チャンネルの下にある「続きを見る」から再生を再開する方法が便利です。

1 「登録チャンネル」をタップする

画面下部にある「登録チャンネル」をタップします。

2 「続きを見る」をタップする

画面上部にある項目の中から「続きを見る」をタップすると、途中まで見た動画だけが一覧表示されます。

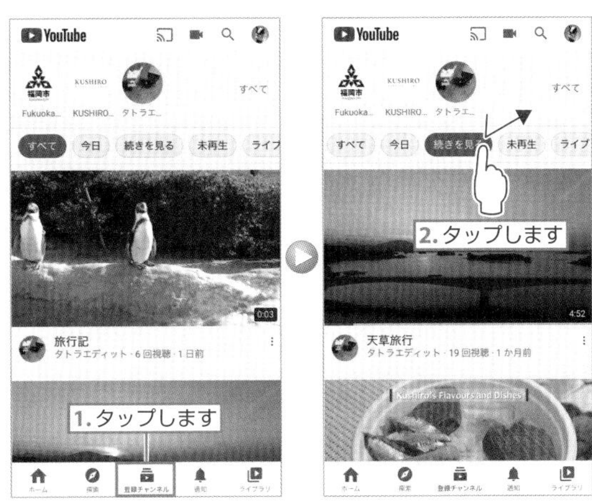

チャンネルフィードに動画以外の投稿を表示しないようにする

チャンネルフィードには、チャンネルの投稿者による動画だけでなく、写真と文字だけの投稿も同時に表示されます。動画だけを表示したいときは、登録チャンネルの設定からフィードに表示したい項目を選択します。

1 「設定」をタップする

画面下部にある「登録チャンネル」をタップし、チャンネルリストを開きます。画面上部の項目の右端にある「設定」をタップします。

2 「動画のみ」をタップする

表示されたメニューの中から「動画のみ」をタップします。

3 すべての動画が表示される

動画のみを表示するように設定が変更されました。

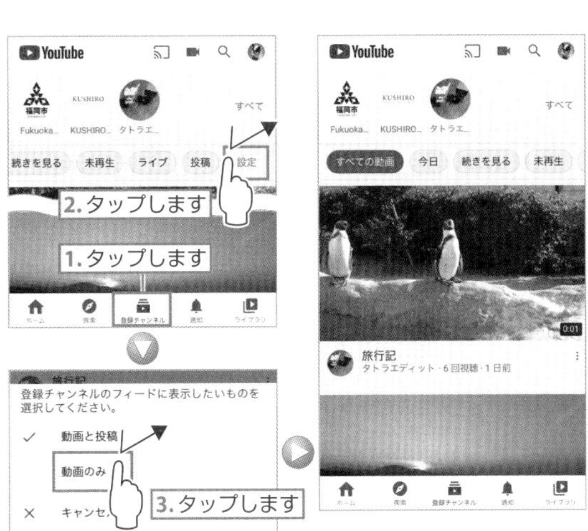

チャンネルリストを非公開にする

登録したチャンネルは、自分のチャンネルページに公開されていることがあります。
非公開にするには、チャンネルの設定から非公開設定をオンにしておきます。

1 チャンネルアイコンをタップする

画面右上のチャンネルアイコンをタップします。

2 「チャンネル」をタップする

表示されたメニューの中にある「チャンネル」をタップします。

3 「設定」ボタンをタップする

自分のチャンネルが表示されます。
アカウント名の右側にある「設定」ボタンをタップします。

4 非公開に設定する

「すべての登録チャンネルを非公開にする」の右側にあるボタンをタップし、非公開設定をオンにします。

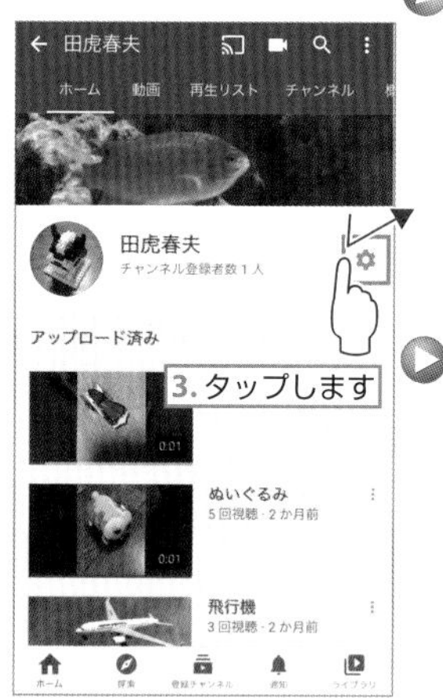

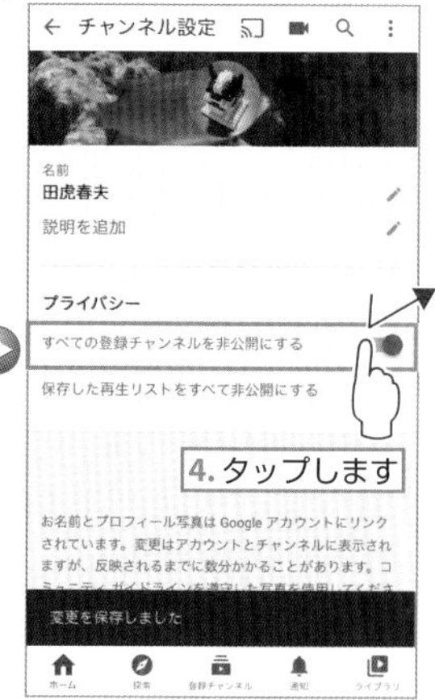

Step 2-3

スマートフォンから投稿する

スマートフォンで撮影した動画は、YouTubeアプリから簡単にアップロードすることができます。また、iPhoneの「写真」アプリやAndroidの「Googleフォト」アプリなどからアップロードすることも可能です。

YouTubeアプリから動画をアップロードする

YouTubeアプリから直接動画をアップロードすることができます。動画の前後をカットしたり、色味を変えたりといった、ちょっとした編集作業も可能です。iPhone版とAndroid版のYouTubeアプリでは同じように投稿できますが、編集画面の見た目が多少異なります。
ここでは、iPhone版アプリの画面で解説しています。

1 ■をタップする

YouTubeアプリを起動して、右上の■をタップします。

2 動画を選ぶ

画面上部の「録画」をタップすると、動画を撮影できます。
iPhoneに保存された動画を選択するときは、画面下部の一覧から、アップロードしたい動画をタップします。

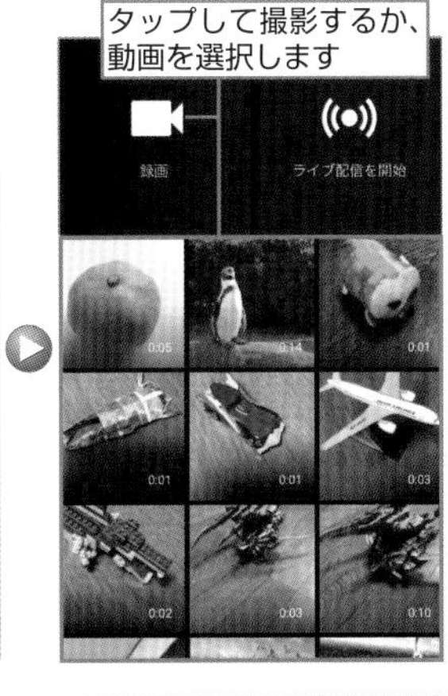

3 動画編集画面が表示される

選択した動画の編集画面が表示されます。画面下部に表示されている青い枠を左右にフリックすることで、動画の始まるポイントと終わるポイントを調整することができます。
画面をタップすることで、「一時停止」と「再生」が切り替わります。

4 フィルタ画面で色合い変更

画面下部の![]ボタンをタップすると、動画の色合いを簡単に変更できます。

5 編集の終了

動画の編集が終了したら、画面右上の「次へ」をタップします。

6 タイトルと説明文を入力

動画のタイトルと説明文を入力して、公開範囲を設定したら、画面右上の「アップロード」ボタンをタップします。

7 アップロードを開始する

動画のアップロードが開始されます。通信環境によって、アップロードにかかる時間は異なります。

8 動画を確認する

完了したら、動画のサムネールをタップします。アップロードした動画がきちんと再生されるか確認しましょう。

アップロードをWi-Fi接続時のみにする

長時間の動画をアップロードすると、回線の状態にもよりますが、かなり時間がかかる場合があります。また、大量の動画をアップロードすると、パケット容量制限に達してしまう危険もあります。「設定」メニューにある「Wi-Fi接続時のみアップロード」をオンにするとWi-Fi接続時のみアップロードを行うことになりますので、このような事態を避けることができます。

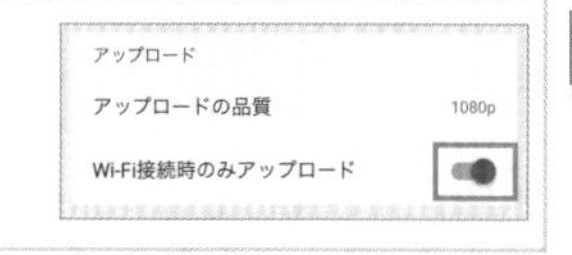

Googleフォトから動画をアップロードする

YouTubeを運営するGoogleが提供する「Googleフォト」には、YouTubeに直接投稿できる機能も用意されています。
「Googleフォト」で動画を再生して画面の左下にあるボタンをタップし、続いて「YouTube」アイコンをタップすることで、アップロードできます。
また、「Googleフォト」ではYouTubeアプリと同様に動画のカット、音楽、フィルタなどの動画の編集も可能です。

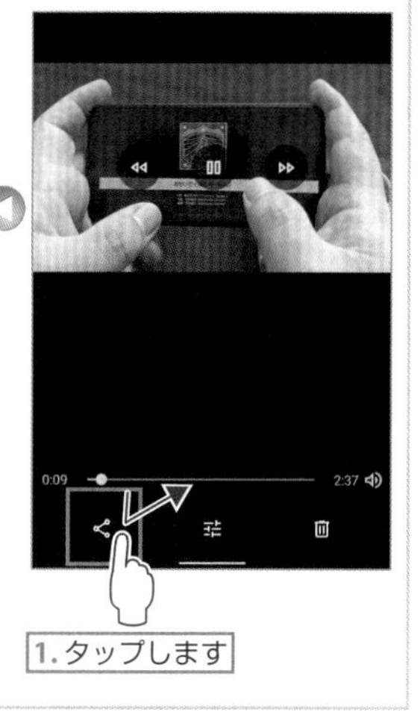

音楽を追加する

1 チャンネルアイコンをタップする

YouTubeをiPhoneの「Safari」アプリで開き、画面右上のチャンネルアイコンをタップします。

2 「パソコン版」をタップする

表示されたメニューの一番下にある「パソコン版」をタップします。

アプリがインストールされている場合

「YouTube」アプリをインストールしている場合は、「パソコン版」をタップしても、アプリが起動します。

3 チャンネルアイコンをタップする

パソコン版のYouTubeが開きました。再度、画面右上のチャンネルアイコンをタップします。

4 「チャンネル」をタップする

表示されたメニューの中にある「チャンネル」をタップします。

5 動画を選択する

自分のチャンネルが開きました。音声を追加したい動画のサムネイルをタップします。

6 「動画の編集」をタップする

アカウント名の右端にある「動画の編集」ボタンをタップします。

7 「STUDIOに移動」をタップする

「STUDIOに移動」をタップします。

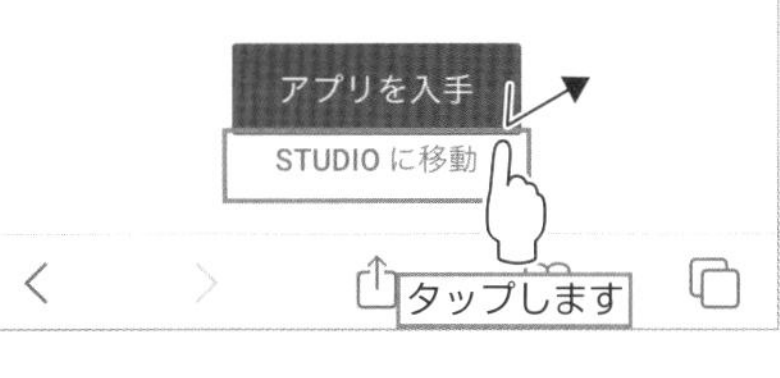

8 「エディタ」をタップする

YouTube Studioが開きます。左側のメニューの上から3番目にある「エディタ」をタップします。

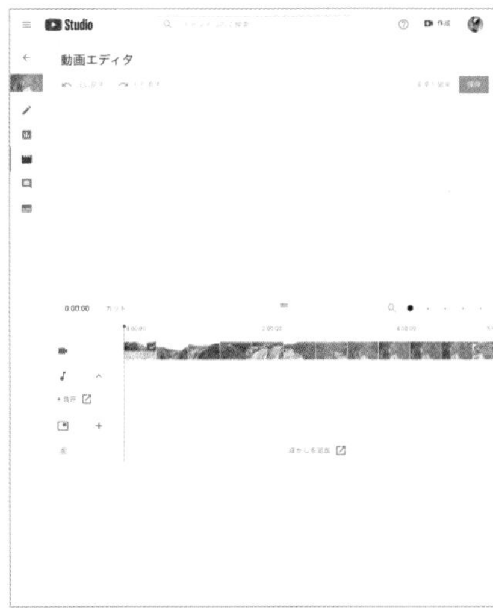

ここからパソコン版の
音楽の追加方法に続きます。
（162ページへ）

投稿した動画に終了画面を追加する

終了画面とは、動画が終了した際にチャンネル登録や次の動画の視聴を促す画面のことです。こちらもカードと同じように、アプリだけでは追加することができません。SafariからPC向けのページを表示して設定します。

1 チャンネルアイコンをタップする

YouTubeをiPhoneの「Safari」アプリで開き、画面右上のチャンネルアイコンをタップします。

2 「パソコン版」をタップする

表示されたメニューの一番下にある「パソコン版」をタップします。

3 チャンネルアイコンをタップする

パソコン版のYouTubeが開きました。再度、画面右上のチャンネルアイコンをタップします。

4 「チャンネル」をタップする

表示されたメニューの中にある「チャンネル」をタップします。

5 動画を選択する

自分のチャンネルが開きました。終了画面を追加したい動画のサムネイルをタップします。

6 「動画の編集」をタップする

アカウント名の右端にある「動画の編集」ボタンをタップします。

7 「STUDIOに移動」をタップする

「STUDIOに移動」をタップします。

ここからパソコン版の
終了画面の追加方法に続きます。
（169ページへ）

投稿した動画にカードを追加する

カードとは、動画の中に表示させることができるURLのリンクです。どのようなURLでも追加できるわけではない点に注意が必要です。追加できるのは、事前にGoogleが許可しているサイトのURLのみとなります。アフィリエイトリンクなどを使うことはできません。
また、カードはアプリ単体で追加することができず、SafariからPC向けのYouTubeページを表示させてのみ追加できるようになっています。

1 チャンネルアイコンをタップする

YouTubeをiPhoneの「Safari」アプリで開き、画面右上のチャンネルアイコンをタップします。

2 「パソコン版」をタップする

表示されたメニューの一番下にある「パソコン版」をタップします。

3 チャンネルアイコンをタップする

パソコン版のYouTubeが開きました。再度、画面右上のチャンネルアイコンをタップします。

4 「チャンネル」をタップする

表示されたメニューの中にある「チャンネル」をタップします。

5 動画を選択する

自分のチャンネルが開きました。カードを追加したい動画のサムネイルをタップします。

6 「動画の編集」をタップする

アカウント名の右端にある「動画の編集」ボタンをタップします。

7 「STUDIOに移動」をタップする

「STUDIOに移動」をタップします。

ここからパソコン版の
カードの追加方法に続きます。
(166ページへ)

Step 2-4

スマートフォンの画面を録画して投稿する

スマートフォンのゲーム画面などを録画してYouTubeへ投稿したいときは、画面収録機能を使います。iPhoneやiPadでは、コントロールセンターから、いつでも画面の内容を録画できるようになっています。

iPhoneのスクリーンレコードで録画する

1 「コントロールセンター」をタップする

iPhoneの「設定」アプリを開き、「コントロールセンター」をタップします。

2 「コントロールをカスタマイズ」をタップする

「コントロールをカスタマイズ」をタップします。

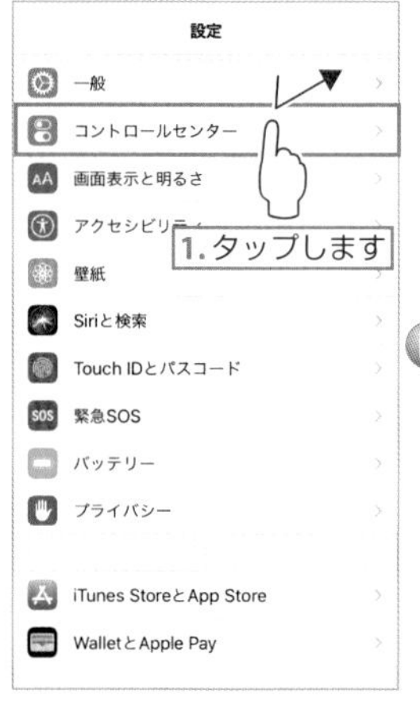

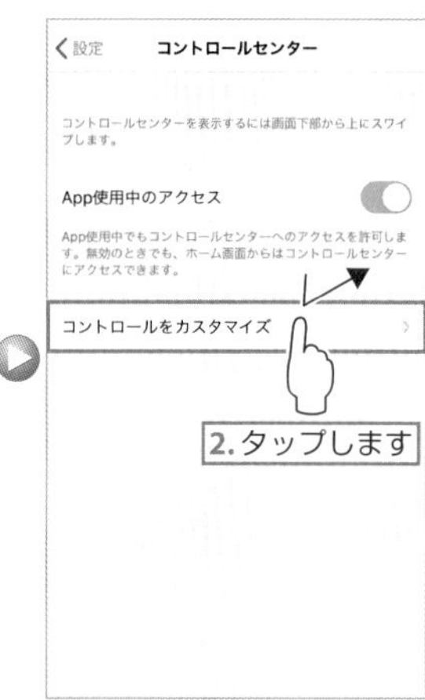

3 「画面収録」の⊕ボタンをタップする

「画面収録」の⊕ボタンをタップして、「含める」に「画面収録」が追加されていることを確認します。

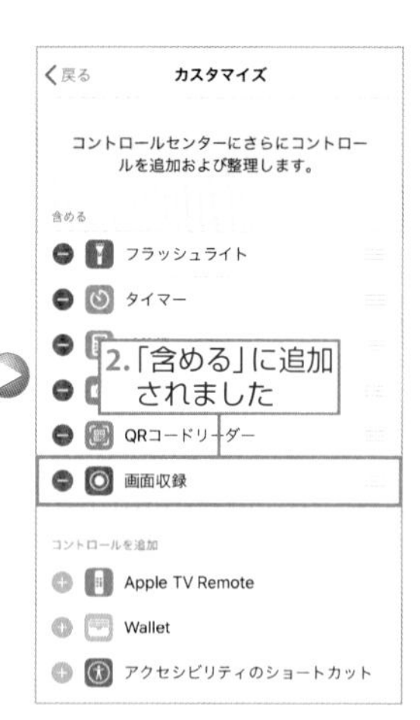

4 ◎を長押しする

コントロールセンターを開き、画面下部にある◎を長押しします。

5 マイクの設定を変更する

マイクがオフになっている場合は、音声は収録されません。
音声を収録する場合は、🎙をタップしてマイクをオンにします。

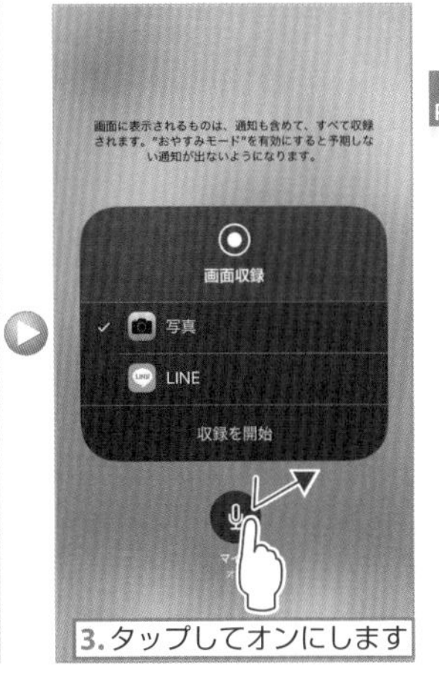

6 「収録を開始」をタップする

「収録を開始」をタップします。

7 「収録を停止」をタップする

収録が開始されました。「収録を停止」をタップして画面収録を終了すると、「写真」アプリに動画が保存されます。

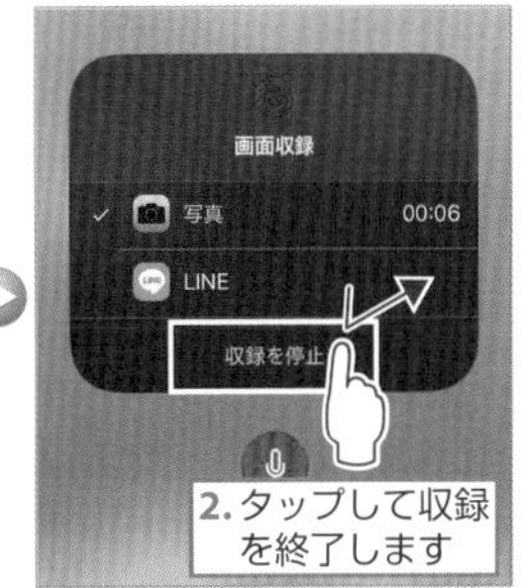

▷ 画面をリアルタイム配信するアプリを導入する

1 App Storeで検索する

App Storeで「streamlabs」と入力して検索し、インストールします。

2 「Streamlabs」にYouTubeでログイン

「Streamlabs」を起動します。初回起動時はログイン画面が表示されます。
「Log In With YouTube」をタップして、YouTubeでログインします。

3 Googleアカウントを入力

Googleアカウントとして登録したメールアドレスを入力して、「次へ」ボタンをタップします。

4 パスワードを入力

パスワードを入力し、「次へ」ボタンをタップします。

5 アカウントを選択する

使用するアカウントまたはブランドアカウントをタップします。

6 「許可」をタップする

Googleアカウントへのアクセスを許可するかどうかの確認画面が表示されます。問題がなければ、「許可」ボタンをタップします。

7 カメラへのアクセスを許可する

「ENABLE CAMERA」をタップします。「OK」ボタンをタップして、カメラへのアクセスを許可します。

8 マイクへのアクセスを許可する

「ENABLE MIC」をタップします。「OK」ボタンをタップして、マイクへのアクセスを許可します。

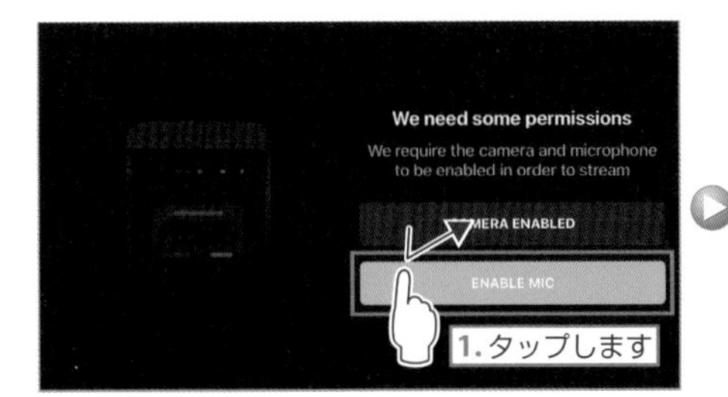

9 「NEXT」をタップする

配信画面上に表示させるウィジェットを選択します。このまま「NEXT」をタップします。

10 「GET STARTED」をタップする

設定が完了しました。「GET STARTED」をタップします。

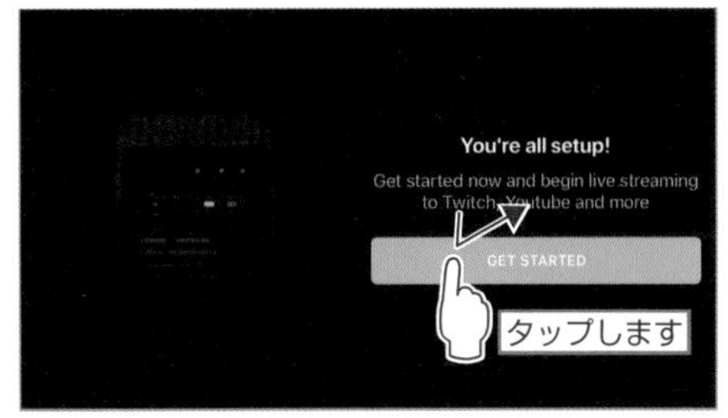

Streamlabsでスマホの画面を配信する

1 「コントロールセンター」をタップする

iPhoneの「設定」アプリを開き、「コントロールセンター」をタップします。

2 「コントロールをカスタマイズ」をタップする

「コントロールをカスタマイズ」をタップします。

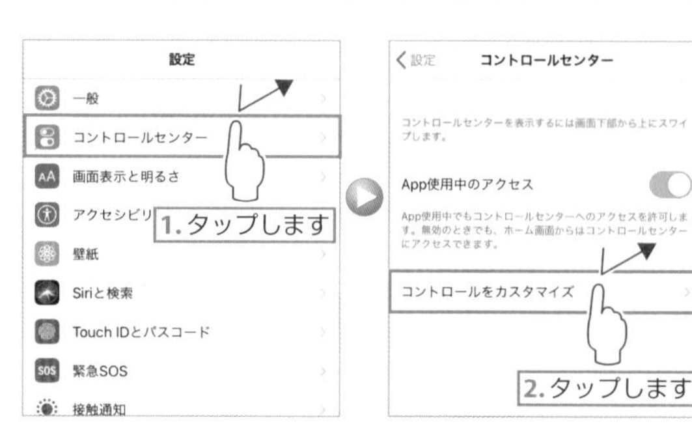

3 「画面収録」の⊕ボタンをタップする

「画面収録」の⊕ボタンをタップして、「含める」に「画面収録」が追加されたことを確認します。

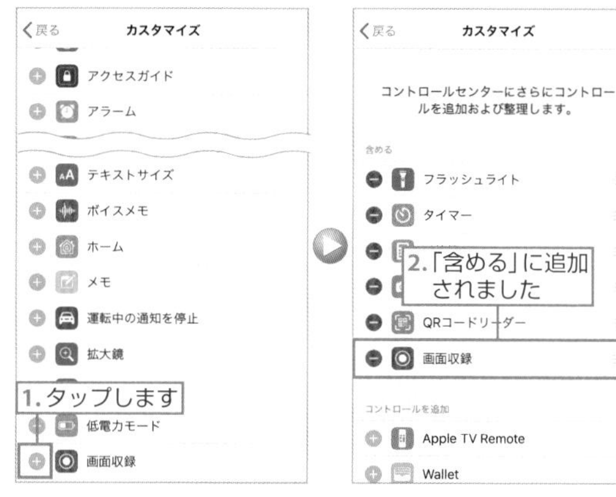

4 「Streamlabs」アプリを起動する

「Streamlabs」アプリを起動し、画面左上の☰をタップします。

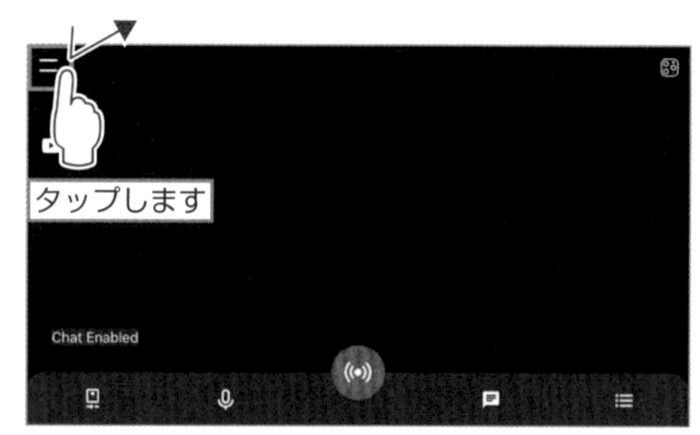

5 「Screen Capture」をタップする

画面右上の「Screen Capture」をタップします。

6 「Destination」をタップする

「Destination」をタップします。

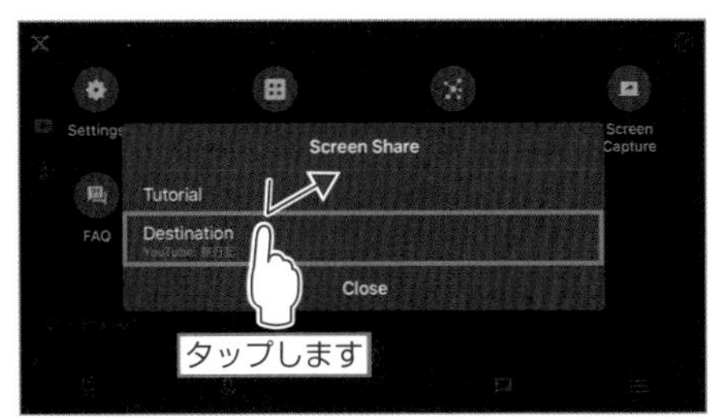

7 「Create Event」をタップする

画面下部にある「Create Event」をタップします。

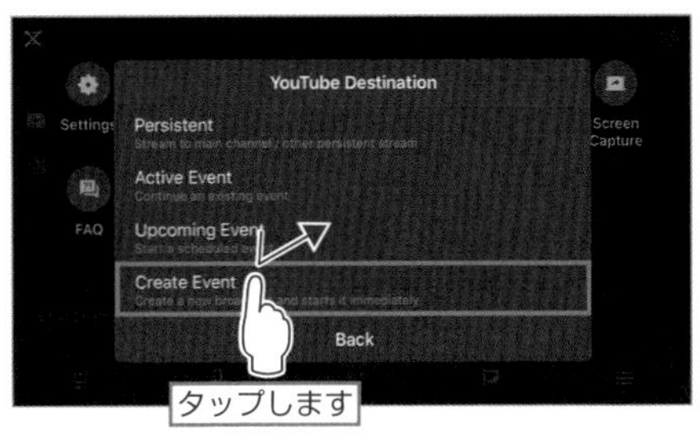

8 タイトルと説明を入力する

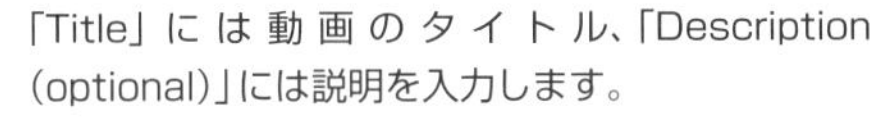
「Title」には動画のタイトル、「Description (optional)」には説明を入力します。

9 公開範囲を指定する

「Access」をタップして、「Public（公開）」「Unlisted（非公開）」「Private（限定公開）」の中から公開範囲を指定し、「Done」をタップします。

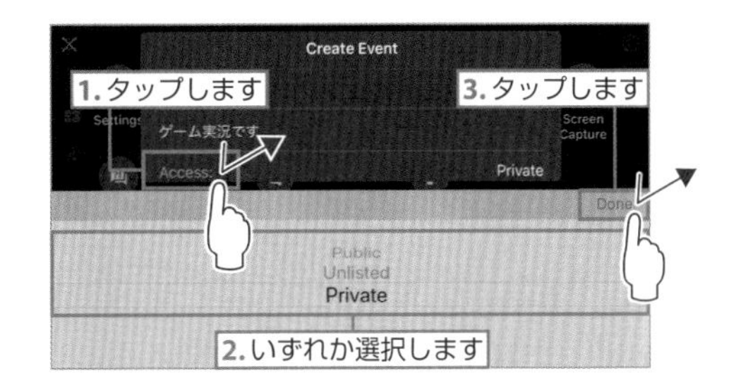

10 「Create」をタップする

「Create」をタップします。

11 「Close」をタップする

「Close」をタップします。

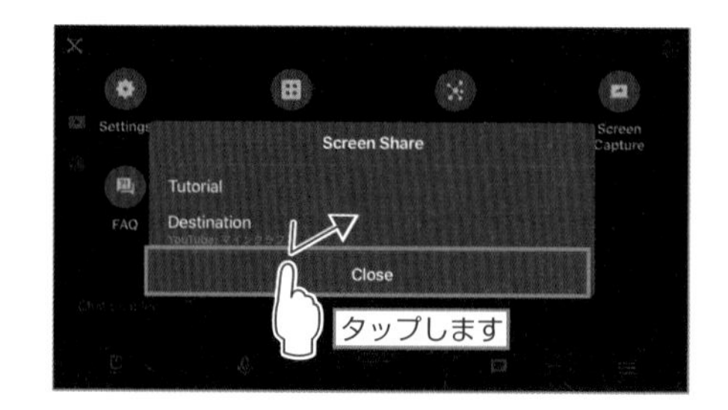

12 ◉を長押しする

配信したいアプリを起動したら、コントロールセンターを開き、画面下部にある◉を長押しします。

13 「ブロードキャストを開始」をタップする

「Streamlabs」を選択して、音声を収録する場合はマイクをオンにします。
その後、「ブロードキャストを開始」をタップします。

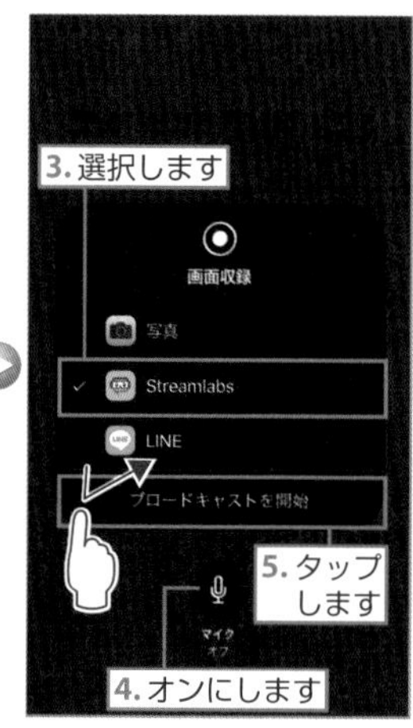

14 配信を開始する

配信したいアプリ画面に戻り、配信を開始します。

15 配信を終了する

コントロールセンターを開き、画面下部にある◉をタップして、配信を終了します。

Part 3

パソコンからYouTubeを使う

全世界のユーザーが投稿した莫大な数の動画を自由に視聴できるのがYouTube の最大の楽しみです。気になる動画を効率よく見つけ出し、快適に再生しましょう。再生リストや評価を使えば、よりスマートに動画の管理と閲覧が可能です。

Step 3-1

Googleアカウントを作成してYouTubeにログインする

YouTubeの機能を使うには、Googleアカウントでのログインが必要となります。他のGoogleのサービスを使っている場合などでGoogleアカウントをすでに取得している人は、そのアカウントでログインしましょう。未取得の場合は、Googleアカウントを取得しましょう。

Googleアカウントをすでに持っている場合

GmailやAndroid携帯など、すでに別のサービスで利用しているGoogleアカウント（Gmailアドレス）がある場合は、そのGoogleアカウントでログインしましょう。すぐにYouTubeを利用できます。

1 「ログイン」をクリックする

YouTube(https://www.youtube.com/)にアクセスし、画面右上の「ログイン」ボタンをクリックします。

Zoom 左側のメニューからでもOK

画面左に表示される「ログイン」ボタンでもOKです。
左側のメニューが表示されない場合はYouTubeロゴの左側にある≡をクリックします。

2 Googleアカウントでログインする

普段使っているGoogleアカウント（Gmailアドレス）とパスワードでログインします。49ページのチャンネルの設定に進んでください。

▶ Googleアカウントを新規取得してログインする

Googleアカウントを取得すればYouTubeをフル活用できるようになります。Googleアカウントを持っていない人は新規に取得しましょう。YouTube以外にも、GmailやGoogleドライブなど、同社の各種サービスの利用も可能になります。アカウント作成の料金は無料です。

1 「アカウントを作成」をクリックする

上記手順2のGoogleアカウントへのログインページで、下部にある「アカウントを作成」をクリックします。

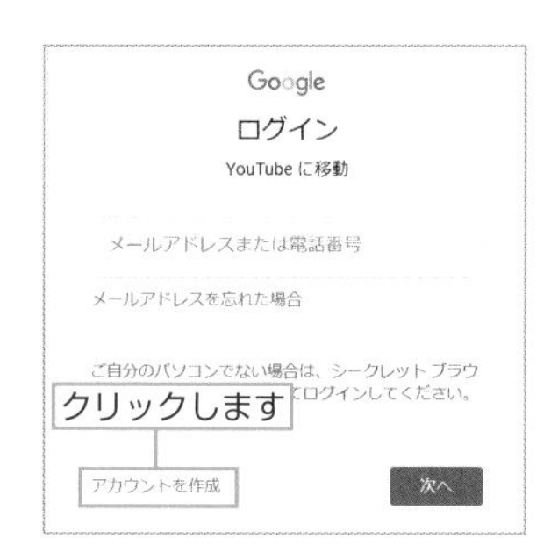

Zoom Gmailアドレスが Googleアカウントになる

「ユーザー名」欄と「パスワード」欄に入力したGmailアドレスとパスワードがGoogleアカウントとそのパスワードになります。
忘れないように覚えておきましょう。

2 ユーザー情報を入力する

名前やGoogleアカウントで使用するユーザー名、パスワードを入力して、「次へ」ボタンをクリックします。

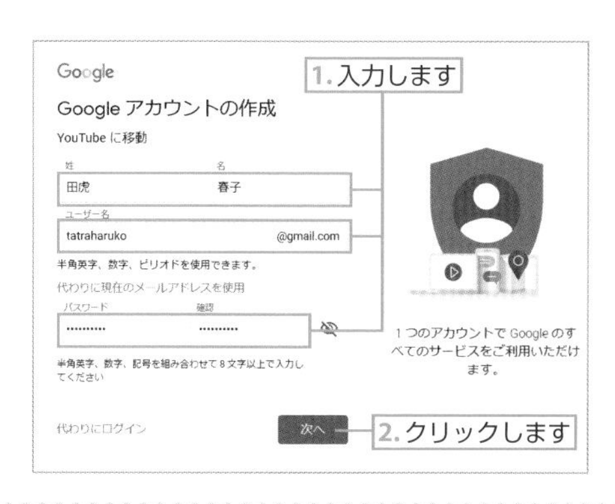

3 電話番号または確認用メールアドレスを入力する

電話番号または今回作成するGoogleアカウント以外の確認用メールアドレスを入力し、「次へ」ボタンをクリックします。

4 YouTubeにアクセスする

Googleアカウントを作成できました。生年月日、性別などを入力し、「次へ」ボタンをクリックします。プライバシーポリシーに同意すると、Googleアカウントでログインした状態でYouTubeに戻ります。

Step 3-2

自分のチャンネルにプロフィール情報を設定する

YouTubeでは、投稿した動画などを管理するために「チャンネル」を持ちます。このチャンネルは初期状態ではGoogleアカウントに最初に登録した名前になりますが、変更したい場合は編集できます。また、チャンネルは複数持つことができます。

「チャンネル」とは

Googleアカウントで YouTubeにログインすると、「チャンネル」が作成されます。YouTubeにログインしているユーザーは全員、自分のチャンネルを持っています。
試しに、他の人のチャンネルを見てみましょう。好きな動画ページを開き、動画の下に表示されている投稿者の名前をクリックすると、その動画の投稿者のチャンネルが表示されます。

動画を投稿しない場合でもチャンネル開設しておく

チャンネルは、動画を投稿する人だけが必要なものと思われがちですが、そうではありません。閲覧しかしない人でも、チャンネルを開設することによって、「再生リスト」を作り好きな動画を集めたプレイリストを作ったり、コメントやメッセージで交流する際にも必要なので、設定しましょう。

「チャンネル」のプロフィールを設定する

自分のチャンネルページに名前とアイコンを設定しましょう。チャンネルページには、すでにGmailなどに登録されているプロフィール写真が適用されます。プロフィール写真が登録されていない場合は、下記の手順で任意の画像を設定できます。

1 「設定」をクリック

Googleアカウントでログインし、画面左側のメニュー下の「設定」をクリックします。

2 チャンネルを作成する

設定画面の「アカウント」が表示されます。YouTubeチャンネルの下にある「チャンネルを作成する」をクリックします。

3 チャンネルを作成する

右図の入力画面がポップアップします。名前はGoogleアカウント作成時(46ページ)のものが入力されています。この名前がそのままチャンネル名になりますので、変更したい場合はクリックして修正し、「チャンネルを作成」ボタンをクリックします。

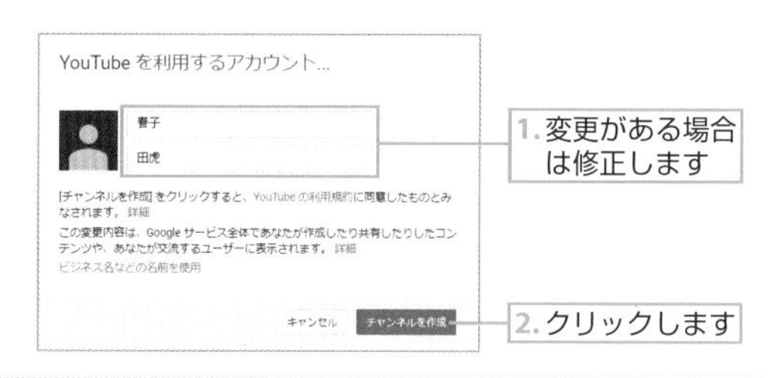

「ビジネス名などの名前を使用」

「ビジネス名などの名前を使用」をクリックすると、任意のチャンネル名を指定できます。ここで、会社名やその他の名前を使用したい場合は、52ページを参照してください。

4 チャンネル名が設定される

チャンネル名が表示されました。

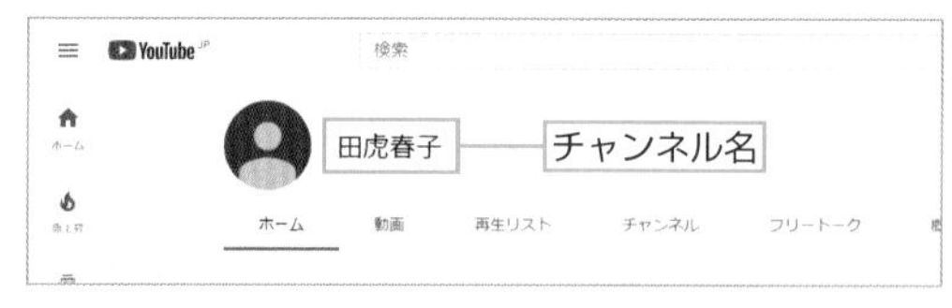

5 プロフィール写真を設定する

プロフィール写真を設定します。画面左上のアイコンにマウスカーソルを移動させると、📷マークが出るのでクリックします。

6 「アップロード」をクリックする

「チャンネルのカスタマイズ」画面が開きます。「ブランディング」タブの「プロフィール写真」にある「アップロード」をクリックします。

7 画像を選ぶ

任意の画像を選択して、「開く」ボタンをクリックします。

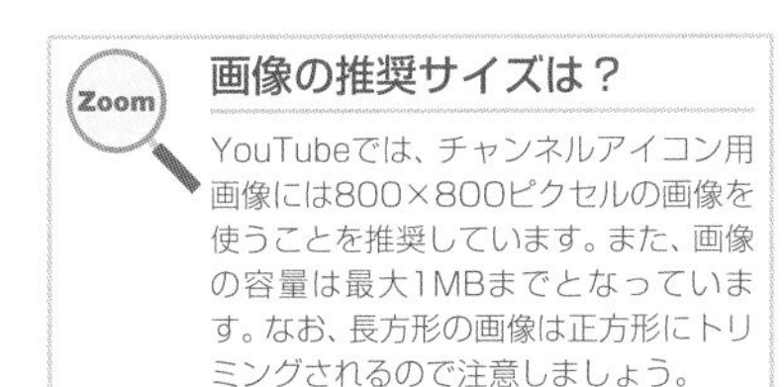

画像の推奨サイズは？

YouTubeでは、チャンネルアイコン用画像には800×800ピクセルの画像を使うことを推奨しています。また、画像の容量は最大1MBまでとなっています。なお、長方形の画像は正方形にトリミングされるので注意しましょう。

8 サイズを決定する

画像が表示されたら、実際の表示領域の調整（トリミング）を行います。四角く表示されたツールをドラッグして移動、四隅をドラッグしてサイズの変更ができます。
調整が終わったら、「完了」ボタンをクリックします。

9 「公開」をクリックする

アップロードした写真がGoogleアカウントのプロフィール写真として登録されました。
画面右上にある「公開」をクリックします。

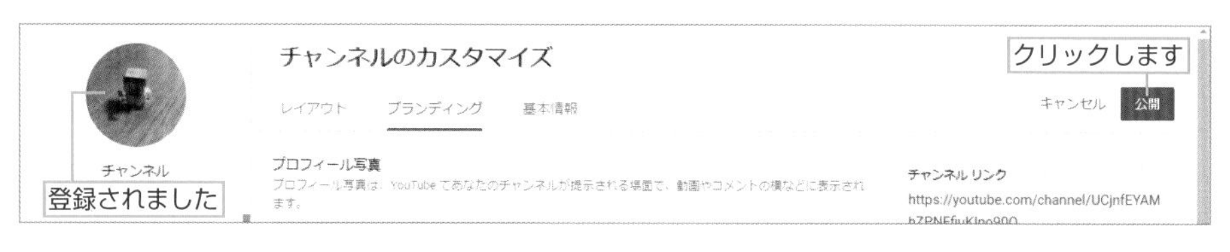

10 プロフィール写真が表示される

YouTubeに戻ると、チャンネルに登録した写真が表示されます。もし表示されない場合は、「リロード」してみましょう。

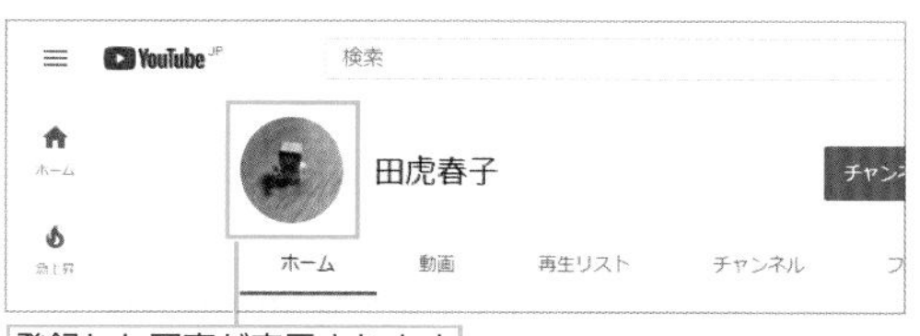

▶ 会社名やその他の名前を使用してチャンネルを開設する

チャンネル名には、Googleアカウント時に登録した名前だけではなく、会社名や他のチャンネル名を設定できます。ここでは、初回のチャンネル開設の際にその他のチャンネル名にする手順を解説しています。その他のチャンネル名を後から追加する場合は、214ページを参照ください。

1 チャンネルを作成する

50ページの手順3のチャンネルを作成するところで、「ビジネス名などの名前を使用」をクリックします。

YouTube を利用するアカウント...

春子

田虎

[チャンネルを作成] をクリックすると、YouTube の利用規約に同意したものとみなされます。詳細

この変更内容は、Google サービス全体であなたが作成したり共有したりしたコンテンツや、あなたが交流するユーザーに表示されます。詳細

ビジネス名などの名前を使用

クリックします

キャンセル　チャンネルを作成

2 チャンネル名を入力する

会社名やサークル名など、好きな名前を入力し、「作成」ボタンをクリックします。

新しいチャンネルを作成するには、ブランド アカウントを作成してください

このブランド アカウントには、個人アカウントとは別の名前（たとえば、お店やサービスの名前、任意の名前など）を指定できます。

ブランド アカウント名　タトラエディット　1.入力します

2.クリックします　作成　戻る

[作成] をクリックすると、YouTube の利用規約に同意したものと見なされます。詳しくは、チャンネルまたはブランド アカウントをご覧ください。

3 新しく作ったチャンネル名をクリックする

ログインしたときに使ったGoogleアカウントのチャンネル名と、先ほど作成した会社名などのチャンネル名が表示されるので、利用する名前のアカウントをクリックします。

4 アイコンを設定する

指定したチャンネル名でチャンネルが開設されました。50ページと同様に、アイコンなどを設定します。

どのチャンネル名でログインしているか確認する

Googleアカウント以外のチャンネル名を設定した場合、いま、どのチャンネルでログインしているかを確認するようにしましょう。

画面右上のチャンネルアイコンをクリックし、「アカウントを切り替える」をクリックすると、自分の作成したチャンネルの一覧が表示されます。もし、違うチャンネルでログインしている場合には、クリックして切り替えましょう。

また、チャンネルは複数作ることができます。チャンネルについての詳細は、Part4で解説しています。

Step 3-3 ログアウトする

共有のパソコンを使っている場合はYouTubeを使い終わったらログアウトしておきましょう。次回はまたログインして使用します。

ログアウトする

画面右側にあるチャンネルアイコンをクリックします。表示されたメニューの中段にある「ログアウト」をクリックするとログアウトできます。
再度、YouTubeを使用するときは46ページの手順でログインします。

どのデバイスでもログイン／ログアウトができる

使用するデバイスが異なっても、同じGoogleアカウントでログインすれば同じチャンネル名が表示されます。気に入った動画は「再生リスト（85ページ参照）」への追加や、チャンネル登録（102ページ参照）しておけば、どの環境からでもかんたんに見つけ出すことができます。

スマートフォン対応

YouTubeは、iOSやAndroidといった各種スマートフォン用のアプリを提供しています。ただし利用には多くのデータ通信量が発生します。データ使用量に制限のあるプランを利用している場合は注意しましょう。モバイル端末からのYouTubeの利用は、Part2で詳しく解説しています。

Step 3-4

YouTubeのホーム画面の構成

YouTubeのホーム画面には映像を探すための機能やリンクが集約されています。それぞれの機能・リンクの内容を知っておけば、手早く機能にアクセスできます。

YouTubeのホーム画面にアクセスする

YouTubeのホーム画面は以下のようになっています。各機能の詳しい説明や使い方は後述します。

Step 3-5

動画を検索して閲覧する

YouTubeに投稿されている動画はキーワード検索、カテゴリ、再生ランキングなどから探すことができます。まずは観たい動画に関するキーワードで動画を探す方法を紹介します。

関連キーワードから動画を探す

YouTubeでは一般的な検索エンジン同様、キーワードから動画を探すことができます。観たい動画に関するキーワードを指定すれば、該当動画の検索結果が一覧表示されます。

1 観たい動画を検索する

画面上段の検索窓に観たい動画に関連するキーワードを入力して、🔍をクリックします。タイトルやタグ、説明文にキーワードを含む動画が一覧表示されるので、観たいもののタイトルやサムネイルをクリックします。

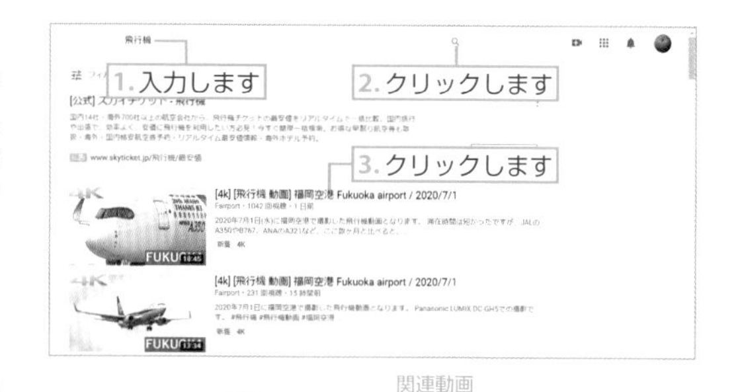

2 動画が再生される

動画が投稿されているページが開き、自動的に再生が始まります。

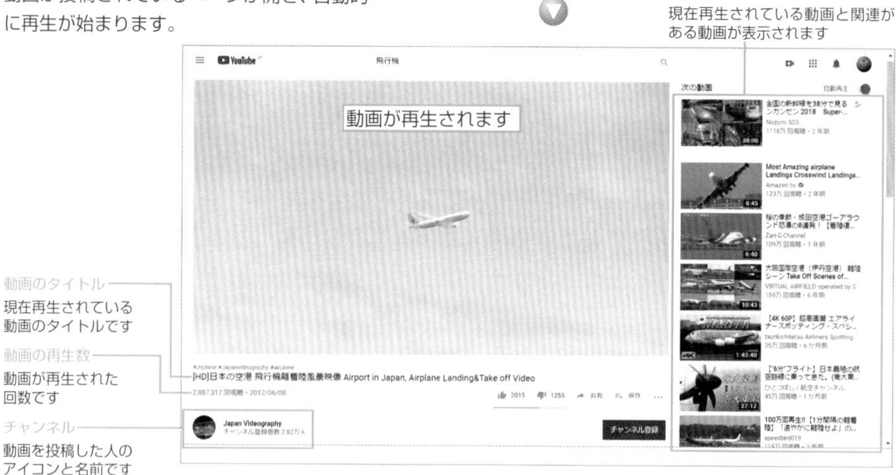

言語と地域の設定をしよう

初めてYouTubeの動画ページにアクセスすると、映像の上部に「ようこそYouTubeへ！」というメッセージが表示されます。ここではユーザーが利用する言語と居住地域を指定できます。国内で利用している場合、基本的に言語は「日本語」、地域フィルタは「日本」に自動指定されており、「OK」ボタンをクリックすると国内ユーザーの動画が優先的に検索結果に表示されます。国や使用言語はいつでも変更できます。83ページを参照してください。

Step 3-6

動画に表示される広告を消す

YouTube動画を観ていると動画の最初に広告が表示されることがあります。邪魔だと感じたら、クリックして消してしまいましょう。

数秒後に消す

ほとんどの映像広告は最後まで見る必要はありません。通常は、5秒ほど見ればいつでもクリックして消すことができます。

1 広告が表示される

動画広告がスタートすると、画面右下に広告終了まであと何秒か表示されます。

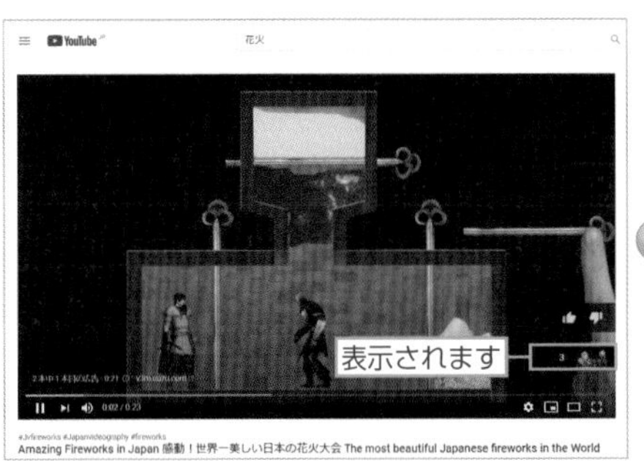

2 クリックしてスキップする

「広告をスキップ」に表示が変わったら、その部分をクリックしましょう。

×ボタンをクリックして消す

動画の下部にバナー広告が表示されることがあります。
このタイプの広告は、右上の×をクリックすると消すことができます。

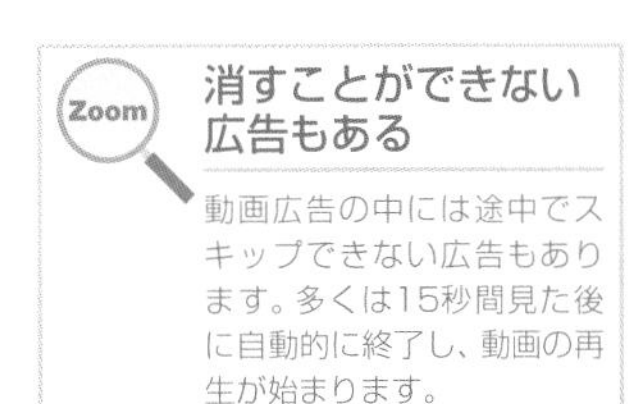

消すことができない広告もある

動画広告の中には途中でスキップできない広告もあります。多くは15秒間見た後に自動的に終了し、動画の再生が始まります。

Step 3-7

動画を早送り／拡大／再生設定を変更する

動画は、再生ボタンまたは再生画面をクリックすることで再生できます。YouTubeの動画にはコントロールパネルが用意されており、早送りや巻き戻し、拡大表示、高画質表示などが可能です。視聴機器や通信環境に応じて快適な形式で閲覧しましょう。

動画の早送り・巻き戻し／一時停止する

YouTubeで好きな動画を観てみましょう。動画を早送り・巻き戻し／一時停止できます。

早送り・巻き戻し

動画直下の赤いシークバーをマウスでドラッグすることで動画を早送りや巻き戻しすることができ、観たいシーンを見つけられます。

動画を一時停止する

コントロールパネルの左端にある▶ボタンをクリックすると、表示が⏸になり、動画が一時停止します。
もう一度クリックすると、再生が再開します。

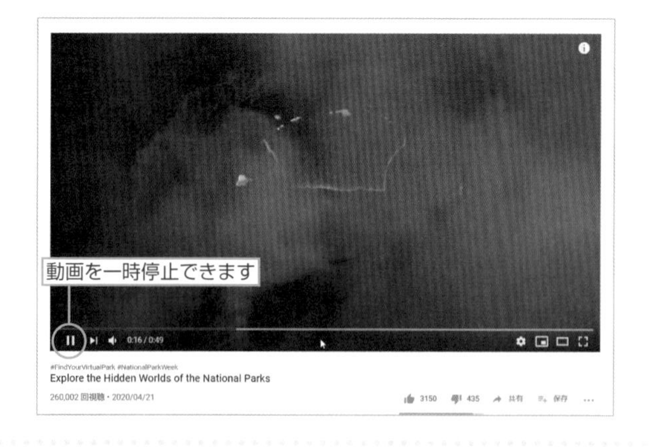

▶ 動画の音量を調節する

コントロールパネルの左から3番目のスピーカー型のボタンにマウスカーソルを合わせると、ボリューム調整用スライダーが表示されます。ドラッグして音量を調節しましょう。

ワンクリックで消音できる

スピーカーボタンをクリックすると動画の音声がミュート（消音）されます。再度クリックすると音声が復帰します。

Part 3

▶ プレイヤーを大きくする

動画の再生画面が小さいと感じたら、大きくすることができます。

ブラウザいっぱいに拡大する

1 拡大ボタンをクリック

コントロールパネルの右から2番目のボタンをクリックします。

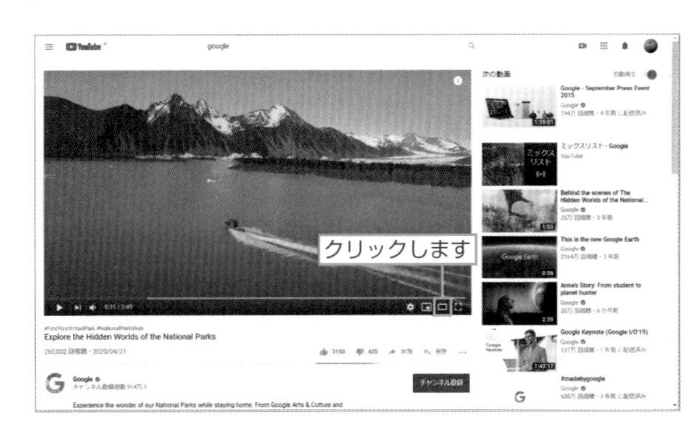

2 動画が大型プレイヤーで表示される

動画の再生画面の横幅が、ブラウザ全体に拡大されます。

全画面表示する

1 全画面ボタンをクリック

コントロールパネルの右端にあるボタンをクリックします。

2 動画が全画面表示される

モニタ全体に動画が表示されます。

> **Zoom 元のサイズに戻すには**
>
> 全画面表示中に esc キーを押すと、動画が元のサイズに戻ります。

動画を高画質表示する

コントロールパネルのをクリックすると動画の再生設定メニューが表示され、自動再生やアノテーション機能のオン／オフ、動画の再生速度や字幕の設定、画質の調整ができます。

クリックすると字幕のオン／オフができます

2. 再生設定メニューが表示されます

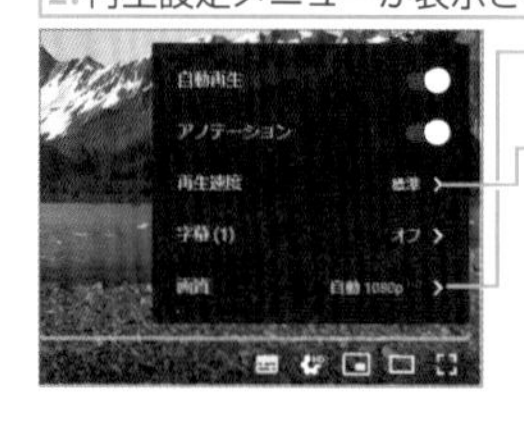

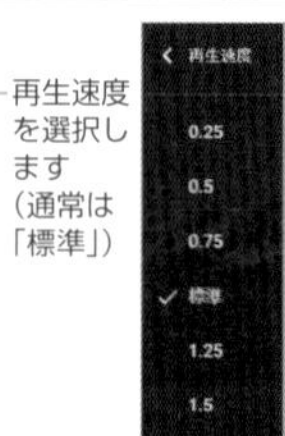

再生速度を選択します（通常は「標準」）

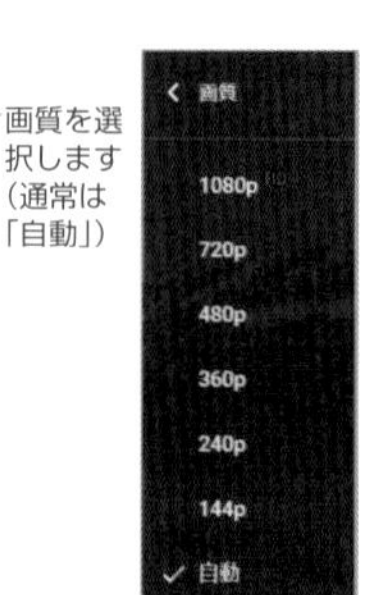

画質を選択します（通常は「自動」）

> **Zoom 動画が重い場合は**
>
> 視聴機器のスペックや通信速度によっては、高画質で再生すると動画がコマ落ちしたり、途中で止まったりしてしまいます。スムーズに再生されないときは、「自動」を選択しましょう。視聴機器や通信環境に応じた画質で再生されます。

Step 3-8 ミニプレイヤーを使う

ミニプレイヤーは、画面の端に小さくYouTubeの動画を表示させる機能です。動画を見ながら他の項目を探したいときにミニプレイヤーを表示すると、動画を止めることなく操作が行えます。元の画面に戻ったり、他の動画に切り替えることもできます。

ミニプレイヤーに切り替える

ミニプレイヤーは、動画内の右下のメニューから表示を切り替えることができます。
ミニプレイヤーを終了するには、ミニプレイヤー内の☒をクリックします。

1 ミニプレイヤーボタンをクリックする

動画内の右下にある「ミニプレイヤー」ボタン◙をクリックします。

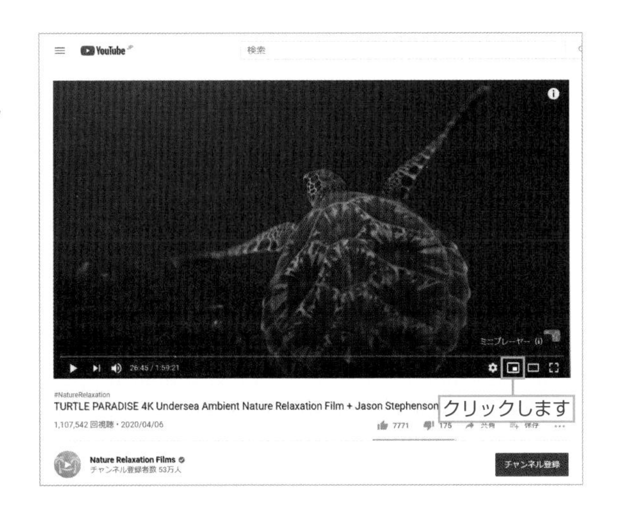

2 ミニプレイヤーが表示される

画面の右下にミニプレイヤーが表示されます。ミニプレイヤーが起動すると、直前に閲覧していたページに戻ります。

3 元の画面に戻す

ミニプレイヤーの左上にある「拡大」ボタン◪をクリックすると、通常の動画再生ページに戻ります。

4 ミニプレイヤーを終了する

ミニプレイヤーの右上にある☒ボタンをクリックすると、ミニプレイヤーが終了します。

5 他の動画を見る

ミニプレイヤーで再生中に他の動画を選択すると、選択した動画がミニプレイヤーで再生されます。

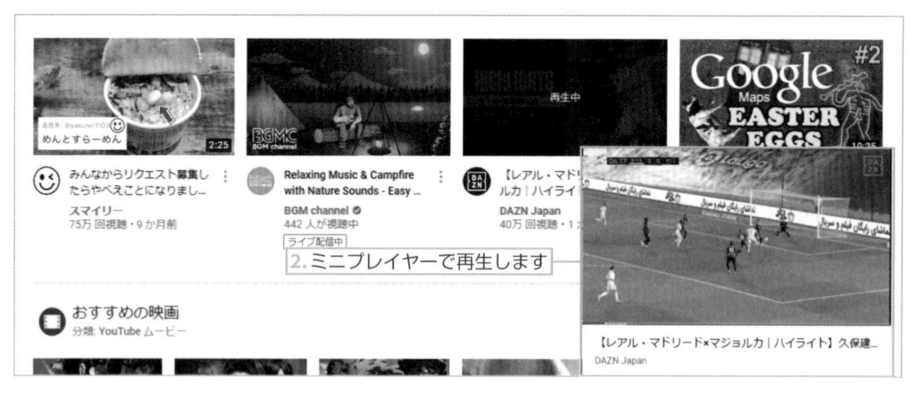

Step 3-9

動画に字幕を表示する

動画に音声がある場合、字幕を表示させることが可能です。従来のYouTubeでは、字幕を誰かが入力してアップロードしなくては表示できませんでしたが、現在はGoogleの音声認識機能を使って自動的に字幕を生成して表示できるようになっています。他国の言語の動画の場合は、日本語の字幕を自動生成することもできます。

字幕表示を切り替える

初期状態では、字幕表示はオフになっています。動画の右下から字幕をオンに設定することで、動画内にテロップのような形で字幕が表示されます。動画によっては、言語を変更することができるようになっています。

日本語の字幕を表示する

日本語の動画を見ているときに、日本語の字幕を表示させます。

1 「字幕」ボタンをクリックする

動画内の右下にある「字幕」ボタンをクリックします。

2 字幕が表示される

動画内に字幕が表示されました。もう一度「字幕」ボタンをクリックすると、字幕を非表示にできます。

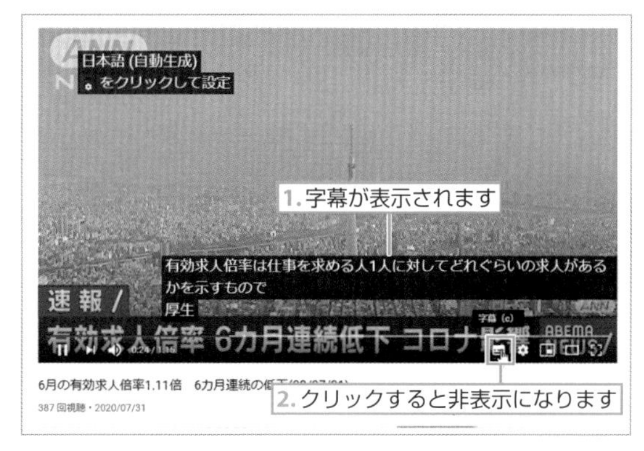

3 「設定」ボタンから字幕をオンにする

「字幕」ボタンの右側にある「設定」ボタン⚙からも、字幕の表示をオンにすることができます。

他国の言語の字幕を表示する

他国の言語などを見る際に日本語にしたり、逆に日本語の動画を英語にしたりできます。

1 「字幕」をクリックする

動画内の右下にある「設定」ボタン⚙→「字幕」をクリックします。

2 「日本語(自動生成)」をクリックする

「日本語(自動生成)」をクリックして、一度日本語の字幕を表示させます。

3 「自動翻訳」をクリックする

再度「設定」ボタン⚙→「字幕」をクリックして、「自動翻訳」を選択します。

4 言語を選択する

表示された言語一覧から利用したい言語を選択します。

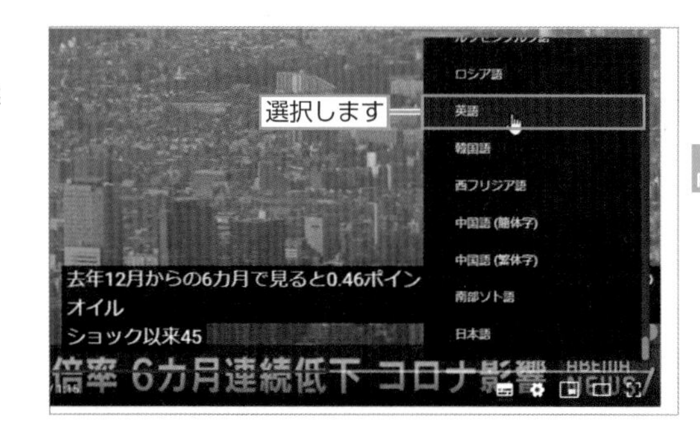

5 字幕が表示される

日本語から指定した言語に翻訳された字幕が表示されました。

フォントの色やサイズを変更する

字幕のオプションを変更することで、文字や背景の色を変更して見やすく調整できます。

1 「字幕」をクリックする

動画内の右下にある「設定」ボタン→「字幕」をクリックします。

2 「オプション」をクリックする

「オプション」をクリックします。

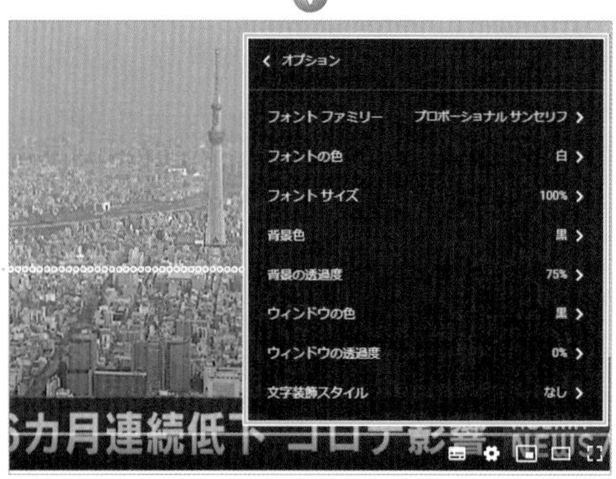

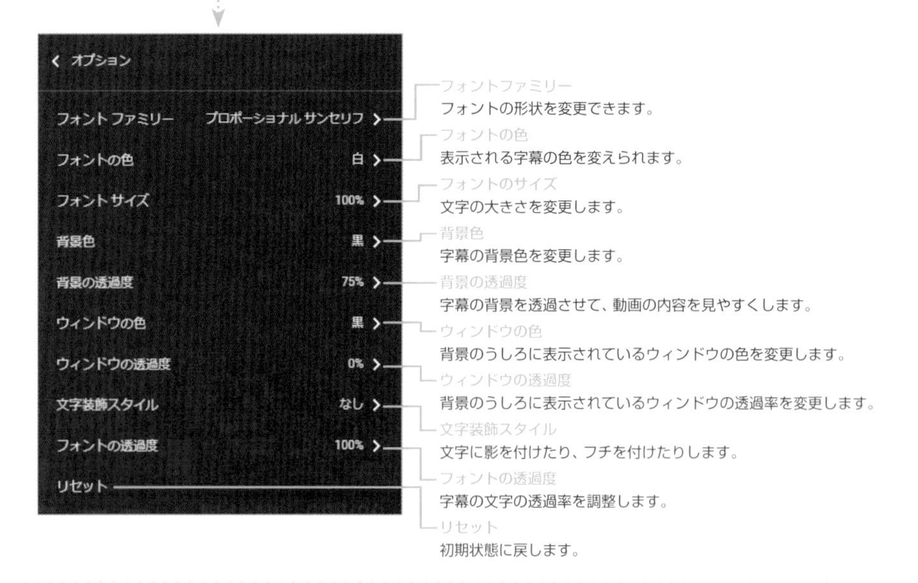

Step 3-10

再生中の動画に関連する動画をチェックする

YouTubeでは動画の再生が終わると、再生画面に関連動画が一覧表示されます。動画のタイトルや内容、投稿者名、ジャンル（カテゴリ）などが類似している動画がピックアップされるので、気になる分野の、まだ知らない動画に出会えるかもしれません。

動画を再生すれば関連動画が見つかる

関連動画の探し方はいたって簡単。観たい動画を再生すればOKです。再生が終了すると任意の関連動画が自動で再生されますが、「キャンセル」をクリックすると関連動画のサムネイルが一覧表示されます。また再生ページの右カラムでもチェックできます。

1 「キャンセル」をクリックする

動画の再生が完了すると、次の関連動画が自動再生されます。サムネイルを一覧表示させるには、「キャンセル」をクリックします。

2 関連動画を選択する

「キャンセル」をクリックすると、その動画と類似、関連する動画のサムネイルが一覧表示されます。観たい動画をクリックします。

3 関連動画の再生が始まる

選択した関連動画の再生が始まります。

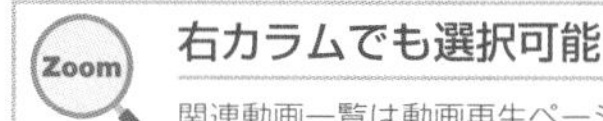

Zoom 右カラムでも選択可能

関連動画一覧は動画再生ページの右カラムにも表示されます。今観ている動画の再生終了を待たずに別の動画を観ることができます。

Zoom 自動再生しないようにする

右カラムに表示される「自動再生」ボタンをオフにすると、自動再生されなくなります。

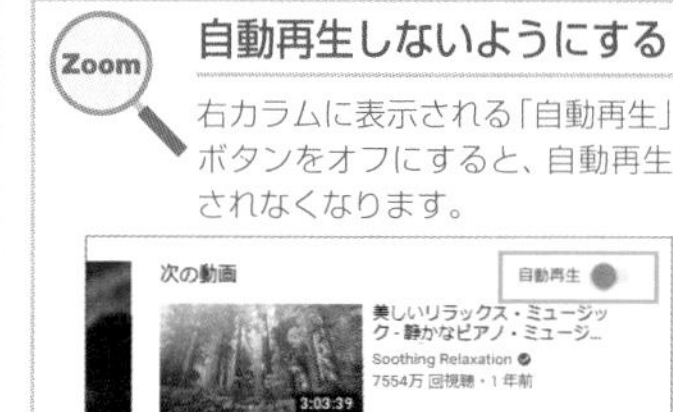

Step 3-11

YouTubeがおすすめする動画を観る

YouTubeのトップページには、「音楽」や「スポーツ」といった様々なジャンルの人気動画、自分が登録した「チャンネル」の人気動画や新たに登録された動画などが表示されます。また、視聴履歴を元にあなたが興味のありそうな動画を揃えた「おすすめのチャンネル」も教えてくれます。観たい動画を見つけたらクリックしてみましょう。

トップページにはYouTubeのおすすめがたくさん

YouTubeにログインすると、いままでに登録したチャンネル、現在視聴数の多い動画を集めたチャンネル、これまでに観た動画に似た動画が登録されているチャンネルなどから、おすすめの動画が表示されます。気になる動画をクリックすると、すぐに再生が始まります。

1 トップページにおすすめ動画が並ぶ

YouTubeのトップページを開くとおすすめ動画やチャンネルが表示されます。
観たい動画のサムネイルをクリックしましょう。

2 動画が再生される

動画ページにジャンプし、動画の再生が始まります。

Step 3-12

履歴から動画を再生する

Part3

お気に入りの動画を再生するにはいくつかの方法がありますが、最も手軽なのが「履歴」を確認すること。YouTubeではこれまでユーザーが再生した動画を「履歴」として記憶しており、以前観た好きな動画に再度アクセスすることができます。

一覧からもう一度観たい動画を選択すれば大丈夫

これまで観た動画の履歴は、YouTubeのホーム画面にて表示可能な左側のメニューからチェックすることができます。「履歴」を開き、あらためて観たい動画を選択しましょう。

1 「履歴」を開く

ホーム画面の左側のメニューから「履歴」をクリックします。

1. クリックします
2. クリックします

2 観た動画の履歴が表示される

画面中央にこれまで観た動画が新しい順に表示されるので、もう一度観たい動画のタイトルかサムネイル画像をクリックします。

3 動画の再生が始まる

動画ページにジャンプして再生されます。

Step 3-13
「急上昇」をチェックする

日々 YouTubeに投稿されている動画の中から、閲覧数が増えているものを「急上昇」として表示します。急上昇に含まれるための条件は非公開ですが、視聴回数が数千件の動画であっても、閲覧者数の増え方が激しいものが対象となることがあります。

本日の動画と1週間以内の動画がリストアップされる

メニューから「急上昇」をクリックすると、視聴回数が増えている動画が一覧表示されます。リストの上部には、24時間以内にアップロードされた50件の動画が表示されます。

1 「急上昇」ページを開く

画面左上の「急上昇」をクリックすると、最近とくに視聴回数の多い動画が一覧表示されます。観たい動画をクリックします。

2 動画の再生が始まる

動画のページにジャンプして再生されます。

少し前の「急上昇」を見る

画面を下へスクロールすると、1週間以内に投稿された視聴回数の増えている動画が、「最近急上昇」として約40件リストアップされています。

最近急上昇

NiziU 『Make you happy』 M/V
JYP Entertainment・3479万 回視聴・6 日前
NiziU Pre-Debut Digital Mini Album 『Make you happy』 M/V 2020.06.30 Tuesday 0:00 ON AIR iTunes & Apple Music: https://apple.co/3if4Uqg Spotify: https://spoti.fi/2ZefFjW Download NiziU...

手越祐也 緊急記者会見
手越祐也チャンネル・1015万 回視聴・1 週間前 に配信済み

Step 3-14

アクティビティをチェックする

登録しているチャンネルが更新されたり、自分がアップロードした動画にコメントが付くと、「通知」のアイコンが変化します。このアイコンをクリックすることで、関連するアクティビティを確認することができるため、すばやく直近の動きを把握できます。

通知を見る

通知は、YouTubeの画面右上から確認できます。画面右上のベルの形をした「通知」アイコンをクリックすると、直近のアクティビティが一覧表示されます。一覧から観たい動画をクリックして閲覧します。

特定のチャンネルを通知から非表示にする

通知を受け取る必要のないチャンネルは、通知を非表示にできます。

「通知」を開いて項目の右側にあるアイコン ⋮ をクリックして、「○○からのすべての通知をオフにする」をクリックします。

Step 3-15

検索結果をさまざまな条件で絞り込み／並べ替えする

日々膨大な量の動画が投稿されるYouTubeだけに、シンプルなフレーズで検索すると、大量の動画がヒットして、お目当ての動画が見つけにくいことがあります。検索結果を絞り込みたいなら「フィルタ」という機能を使ってみましょう。

投稿日、カテゴリ、再生時間、画質で検索結果を絞り込む

検索結果が表示されたら「フィルタ」をクリックしましょう。「アップロード日」や「再生回数」「動画の長さ」などで検索結果を絞り込んだり、並べ替えたりすることができます。

「アップロードされた日が新しい順」で並べ替える

1 動画をキーワード検索

検索窓に観たい動画の関連キーワードを入力して、🔍をクリックします。

1.入力します
2.クリックします

2 「フィルタ」ボタンをクリックする

検索結果が表示されたら、検索窓の下にある「フィルタ」ボタンをクリックします。

3 「アップロード日」で並べ替える

「並べ替え」の「アップロード日」をクリックします。

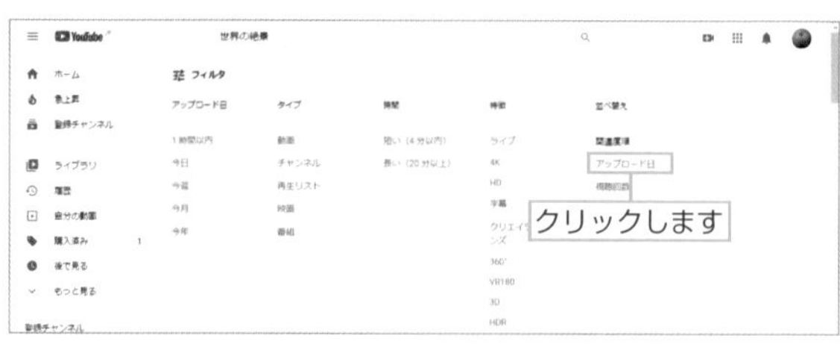

4 検索結果の表示順が入れ替わる

検索結果が投稿された日が新しい順に並び替わります。

並び変わりました

「関連度順」で並べ替える

「関連度順」を選択すると、検索ワードに関連し、話題性の高い動画、評価の高い動画を優先して検索結果を表示してくれます。

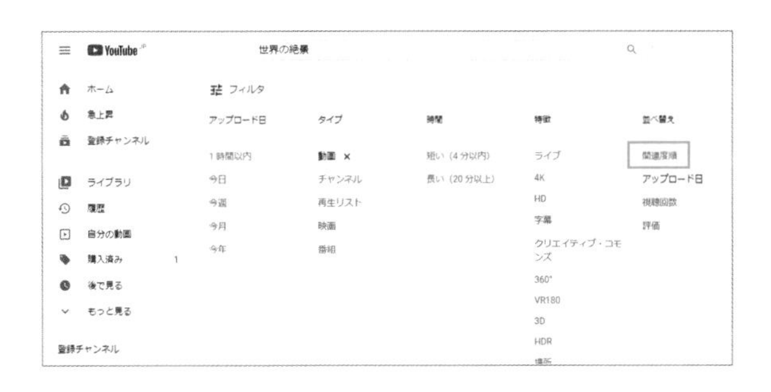

「視聴回数」で並べ替える

「並べ替え」の「視聴回数」を選択すると、再生の多い順＝多くの人が鑑賞した順に検索結果が並べ替えられます。

「評価」で並べ替える

「並べ替え」の「評価」を選択すると、多くの高評価（76ページ参照）を集めたものから順に動画が表示されます。

Part 3

さまざまな条件で検索結果を絞り込む

「アップロード日」「結果のタイプ」「時間」「特徴」の各項目から希望のものをクリックすることで、検索結果を絞り込むことができます。

複合的で複雑な検索条件もOK

検索条件は同時にひとつではなく、青い枠の中の列ごとに一つずつ選択ができるので、複合的な絞り込みをすることができます。選択されている場所の文字が太文字に変わります。

絞り込み条件を削除する

上記の複数選択された絞り込み条件を減らしたいとき、項目横の×ボタンをクリックすると、フィルタが解除されます。自分の検索条件がどのくらいの件数結果になるのか、傾向が掴める使用方法としても有効です。

Step 3-16

投稿者の過去動画を観る

Part3

気に入った動画をみつけたら、その動画を投稿したユーザーの他の動画も観てみましょう。ユーザー名をクリックし、そのユーザーのチャンネルを表示することで、過去に投稿されたすべての動画をチェックできます。

動画再生ページのユーザー名をクリックしよう

再生中の動画の投稿主がほかに投稿した動画を観たいときは、動画タイトルの下にあるユーザー（チャンネル）名をクリックし、その人のチャンネルを表示しましょう。

1 ユーザー名をクリックする

動画タイトルの下にあるユーザー（チャンネル）名をクリックします。

2 投稿動画一覧にアクセスする

投稿者の「チャンネル」が表示されます。チャンネル名下の「動画」タブをクリックします。

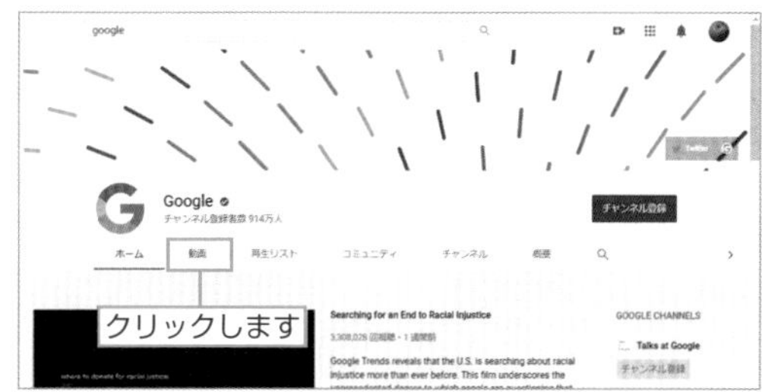

3 観たい動画を選択する

手順1で観ていた動画の投稿主がこれまでに投稿した動画が一覧表示されるので、観たいものをクリックすると動画ページにアクセスし、再生が始まります。

Step 3-17

 動画に高評価／低評価を付ける

閲覧した動画が気に入ったときは高評価を、逆に気に入らなかったときは低評価を付けることができます。評価は投稿者への応援になるだけではなく、気に入った動画を後から見直すときにも便利です。また、他のユーザーが検索する際の手がかりにもなります。

ボタンで評価する

動画の評価はワンクリックで行えるので、便利です。再生中の動画ビューアー下の親指が上を向いている「高評価」ボタンで高評価、下を向いている「低評価」ボタンで低評価を付けられます。

評価をSNSに共有する

動画をTwitterなどに自動的に投稿して、フォロワーに教えることもできます（22ページ参照）。

高評価をつけた動画一覧にアクセスする

画面左上の≡をクリックしてメニューを表示して「高く評価した動画」を開くと、これまでに高評価をつけた動画が一覧表示されます。
観たいものをクリックすると動画ページにアクセスし、再生が始まります。

低評価をつけるとどうなる？

親指が下を向いているボタンをクリックすると、その動画に低い評価をつけることができます。低評価動画は高評価を付けた画像のようにチャンネルに表示されたり、SNSを通じて他の人に共有したりはできません。
ただし、低評価のついた動画は73ページの「フィルタ」機能を使って、評価順に検索結果を絞り込むとき、高評価のみを集める動画よりも低い順位に表示されるようになります。

Step 3-18

動画にコメントする

好きな動画や面白い動画にコメントを送ることもできます。感想コメントを書いて投稿主を応援してみましょう。また、コメント欄を通じて他の視聴者と交流してみても面白いでしょう。

動画ページの入力フォームにコメントを投稿する

動画ページには、それぞれコメントの投稿欄が用意されています。ここに動画に対する感想や、他のコメントに対するレスポンスなどを入力すると、ページ上に表示されます。

1 コメントの入力フォームをクリックする

動画の下にあるコメントの入力フォームをクリックします。

コメントにも評価を付けられる

動画と同じようにコメントにも高評価／低評価を付けられます。共感したコメントには高評価を、誹謗中傷コメントには低評価を付けるなど活用しましょう。

2 コメントを投稿する

フォームに感想などのコメントを入力して「コメント」ボタンをクリックすると、これまでに投稿されたコメント一覧の最上段に自分のコメントが表示されます。

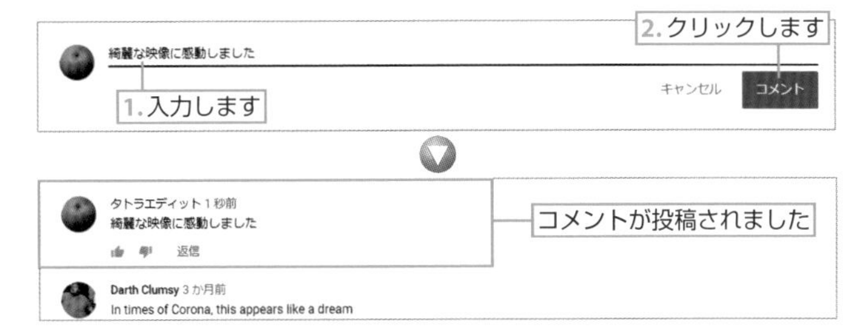

コメントに返信する

書き込まれたコメントの下にある「返信」をクリックすると、そのコメントに対して返信を行うことができます。

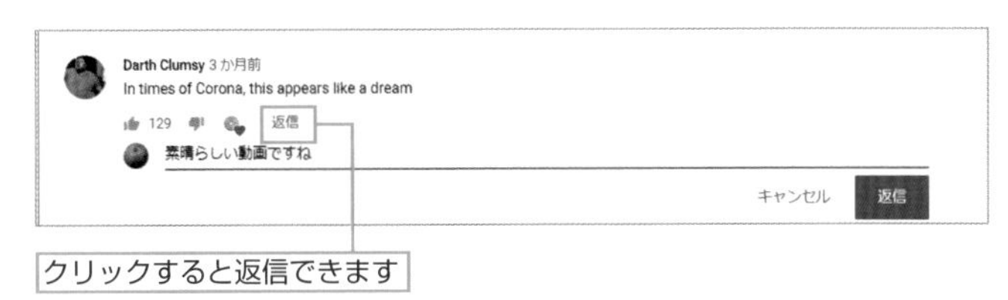

Step 3-19

観ている動画をSNSで共有する

「今観ている動画が面白いから、みんなにも教えたい」。そんなときは動画ページの「共有」ボタンをクリックしてみましょう。TwitterやFacebookに動画ページのURLを投稿できます。URLが入力された状態の入力フォームが表示されるので、コメントなどを添えて投稿しましょう。

▶ Twitterで動画ページの情報を共有する

1 「共有」ボタンをクリックする

URLを誰かに伝えたい動画を見つけたら、動画ビューアー下の「共有」ボタンをクリックします。

2 Twitterアイコンをクリック

Twitterアイコンをクリックします。

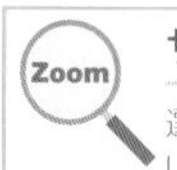

サービスにはログインが必要

選択したサービスにログインしていない場合はアイコンクリック後、ユーザーIDやパスワードの入力画面が表示されます。

3 動画のURLを投稿する

動画ページのURLが入力された状態のTwitterの投稿フォームが表示されます。コメントを書き添えるなどして、「ツイートする」ボタンをクリックします。

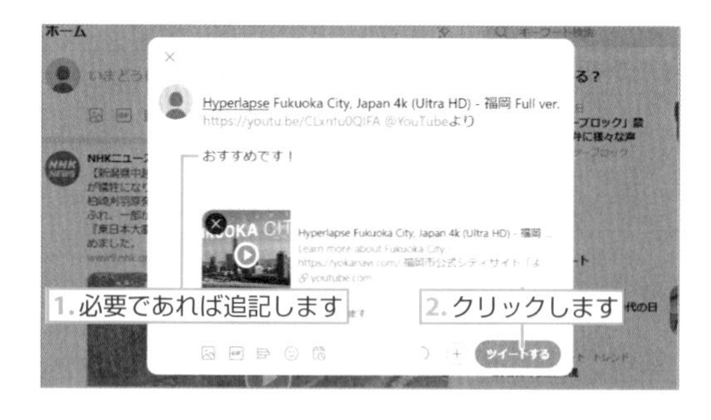

4 TwitterにURLが投稿される

TwitterのタイムラインにYouTubeの動画ページのURLが投稿されます。ツイートをクリックすると動画ビューアーが表示され、Twitter上で再生できます。

再生時間を指定して投稿する

自分が映っている場所など、動画の特定の部分を指定して投稿したいときは、「開始位置」にチェックを入れることで、そこから見てもらうことができます。

Facebookで動画のURLを共有する

1 Facebookアイコンをクリック

「共有」メニューを開いて、Facebookアイコンをクリックします。

サービスにはログインが必要

選択したサービスにログインしていない場合はアイコンクリック後、ユーザーIDやパスワードの入力をログイン画面が表示されます。

2 公開範囲を指定してFacebookに投稿する

動画ページのURLにリンクした状態のFacebookの投稿フォームが表示されます。画面右下のドロップダウンメニューから公開範囲を指定し、「Facebookに投稿」ボタンをクリックすると、Facebookのタイムライン上に動画が投稿されます。タイムライン上で再生可能です。

Step 3-20

動画のURLをメールで送信する

今観ている動画ページのURLを特定の相手にのみ教えたいときはメールで送信しましょう。メール送信は「共有」メニューから行います。

メールで共有する

「共有」メニューから「メール」ボタンをクリックすると、投稿フォームが表示されます。

1 「メール」ボタンをクリック

動画ページの「共有」ボタンをクリックしてメニューを開いたら、「メール」ボタンをクリックします。

2 メールを作成、送信する

「宛先」にメールアドレスを「メッセージ」にメール本文を入力して、「送信」ボタンをクリックします。

3 動画ページへのリンク付きメールが届く

宛先に指定したアドレスに動画ページへのリンクが貼り付けられたメールが届きます。

Step 3-21

自分のブログに お気に入り動画を貼り付ける

Part3

「共有」メニューの「埋め込む」をクリックすると、ブログなどにYouTube動画を貼り付けるためのコードが表示されます。このコードをコピーしてブログの投稿フォームに貼り付けると、自分のブログ上で動画を再生できるようになります。

ブログに動画を掲載する

ブログへ動画を埋め込むには、「共有」メニューから「コード」を取得します。

1 「埋め込む」画面を開く

「共有」メニューから「埋め込む」ボタンをクリックします。

2 コードをコピーする

「埋め込む」画面右下にある「コピー」をクリックします。

3 コードを貼り付ける

自分が普段使っているブログサービスにアクセスし、記事の投稿フォームを開いたら、本文部分にマウスカーソルを合わせて右クリック→「貼り付け」を選択します。埋め込みコードが入力されたら、記事を投稿します。

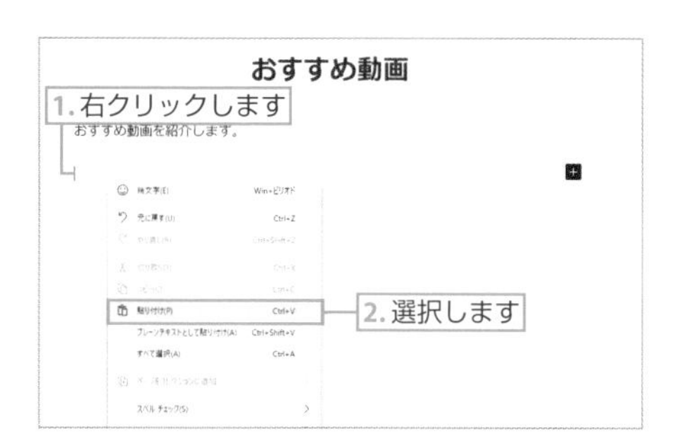

4 ブログ上から動画を再生できる

ブログにアクセスすると、YouTubeの動画が貼り付けられた状態の記事が表示されます。
再生ボタンをクリックすると、動画をブログ上で観ることができます。

Step 3-22

不適切な動画の存在を報告する

全世界のさまざまな人が動画を投稿するYouTubeだけに、中にはインターネットで公開するには不適切な内容のものもあります。もしもそんな動画を見つけたら、YouTube側に報告して、しかるべき処置をとってもらいましょう。

理由を選んで、不適切な動画を報告する

性的、暴力的、差別的、有害、スパム広告など、YouTubeが定めるコミュニティガイドラインの投稿に関する規約に違反している動画を見つけたら、動画ビューアーの下にある「不適切な動画として報告」ボタンをクリックし、理由を添えて、YouTube側に動画の確認を依頼します。

1 「報告」をクリックする

問題のありそうな動画を見つけてしまったら、動画ビューアー右下の…をクリックして「報告」を選択します。

2 不適切である理由を選択する

その動画が不適切であると思われる理由をオンにして、ドロップダウンメニューから詳細な理由を選択し、「次へ」ボタンをクリックします。

次の画面で申し立ての送信を行うことで、YouTubeの担当者が動画の内容をチェックし、不適切であると判断すれば、動画は削除されます。

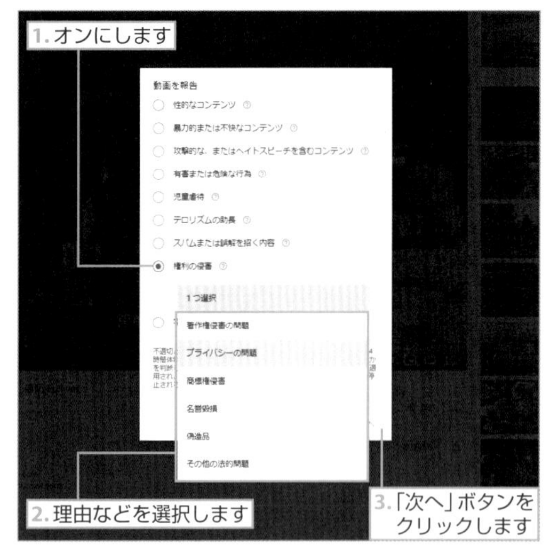

権利侵害の場合は詳細も指定

著作権や肖像権、プライバシー権などを侵害している動画の場合は「権利の侵害」から該当項目を選択し、表示されたリンクにアクセスします。
専用フォームにだれが何の権利をどのように侵害しているのかを記入してYouTube側に送信します。

年齢制限動画を子どもに見せない設定

ガイドラインに抵触していなくても、子どもに見せたくない動画はあります。そのような動画へ子ども用のフィルターをかける方法は、222ページで解説しています。

Step 3-23

YouTubeの画面に表示される言語を変更する

YouTubeは初めてログインしたときにユーザーの住んでいる地域を自動的に判別し、メニューなどに表示する言語も自動的に設定しますが、日本から別の言語を使いたいとき、また外国で日本語を使いたいときなどは任意の言語に変更することができます。

一覧から表示言語を選択する

YouTubeの表示言語の変更は、チャンネルアイコンから行います。

1 表示したい言語を選択

チャンネルアイコンをクリックして「言語」を選択し、表示された言語一覧から利用したいものを選びます。

2 表示言語が変更される

メニューやリンクなどに使われる言語が指定のものに切り替わりました。

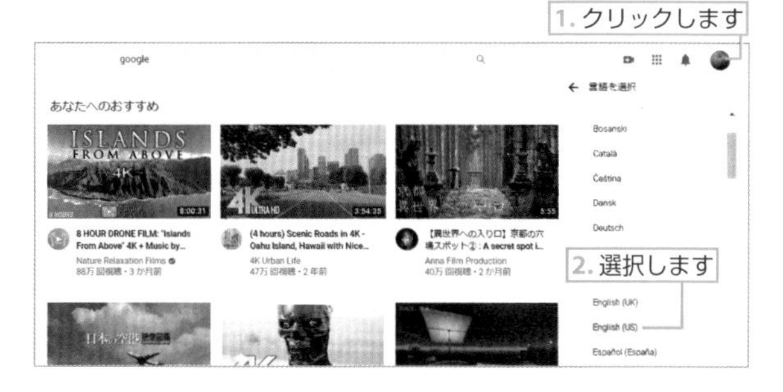

居住地域を変更する

出張や海外赴任などのため、住んでいる国や地域が変わったときは、チャンネルアイコンの中にある「場所」から今住んでいる国を選択しましょう。
動画の中には一部、住んでいる地域によって再生制限がかかっているものがあります。日本のユーザーには再生できない動画については、実際に他の国でインターネットにアクセスしない限り再生できません。日本に住みつつ、YouTube上の地域の設定だけを変更しても再生することはできません。

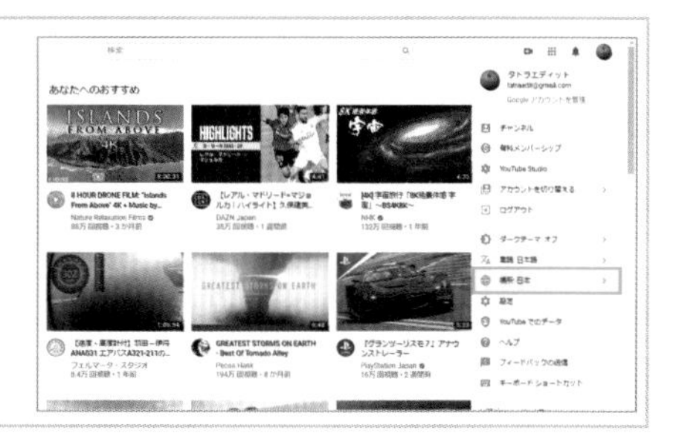

Step 3-24

時間がないときは「後で見る」に記録しておく

「今は見る時間はないけれど、あとでゆっくり見よう」と思う動画を見つけたら、この「後で見る」に動画を追加してみましょう。好きなときに呼び出すことができます。

「後で見る」マークをクリックするだけで登録できる

動画のサムネイル右上にマウスカーソルを合わせると、「後で見る」マークが表示されます。をクリックすると「後で見る」に登録されます。

「後で見る」に登録した動画を観る

ホーム画面左上の≡をクリックしてメニューを表示させ「後で見る」をクリックすると、「後で見る」に登録した動画がすべて表示されます。また、「後で見る」は再生リスト（次ページから解説）の1つで、並び替えや非公開設定などは再生リストと同じ方法で行います。

Step 3-25

再生リストを作って好きな動画を一気に連続プレイ

Part3

iTunesのような音楽再生ソフトで好きな曲や特定のテーマに沿った曲だけを集めたプレイリストを作成できるように、YouTubeでもお気に入りの動画を「再生リスト」にまとめておくことができます。そして、音楽再生ソフト同様、お気に入り動画を連続再生することが可能です。

再生リストとは

YouTubeの再生リストとは、その名のとおり、複数の動画を集めてリスト化できる機能です。再生リスト上の動画は個別に再生するほか、連続再生することもできます。

作成した再生リストは左側のメニューに表示されます

使い方は色々

好きな動画のブックマーク的に使ってみるもよし、好きなミュージシャンやアイドルの映像を一気見したり、バックグラウンドビデオのように流してみたりするもよし。再生リストはシャッフル再生やリピート再生もできる（88ページ参照）ので、さまざまな用途に活用できます。

「再生リスト」を新規作成して動画を追加する

1 「保存」ボタンから再生リストを選択する

再生リストに追加したい動画を開き、動画下の「保存」ボタンをクリックします。追加する再生リストを選択します。ここでは新しい再生リストを作るので、「新しいプレイリストを作成」をクリックします。

1. 再生リストに追加したい動画を再生します

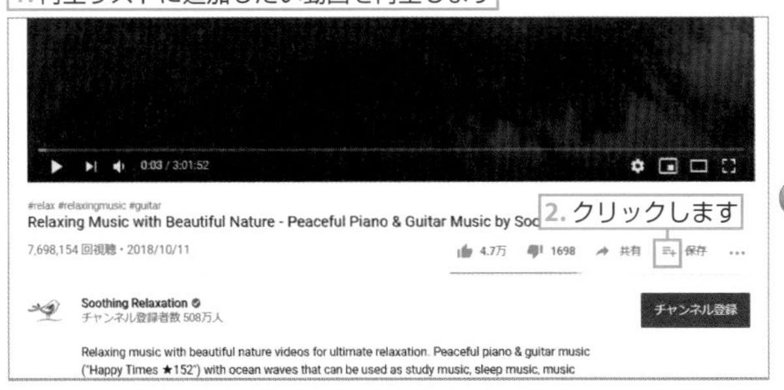

2. クリックします

3. クリックします

2 再生リスト名と公開範囲を指定する

フォームに動画の種類や内容に応じた再生リスト名を入力し、「公開」のプルダウンメニューをクリックして公開範囲を選択します。
再生リストを全YouTubeユーザーに「公開」するか、「非公開」にして自分だけが閲覧できるようにするか、もしくは限定公開（下記Zoom参照）にするかを指定します。
「作成」ボタンをクリックすると再生リストが作成され、現在アクセスしている動画が追加されます。

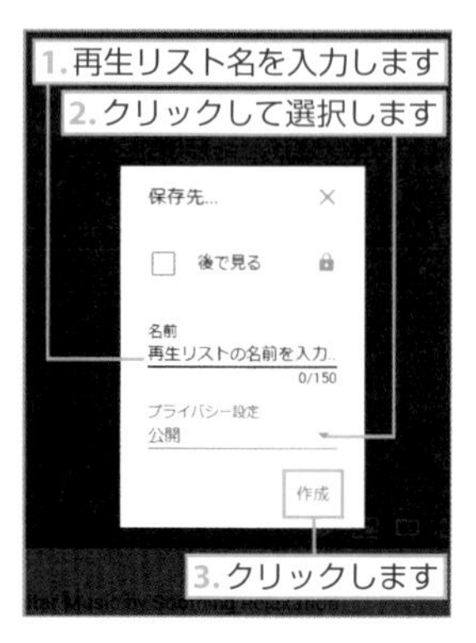

限定公開とは

限定公開では、動画のURLリンクをクリックできる相手のみが視聴可能です。動画のURLを送った特定の相手にだけ動画の視聴を許可できます。

作成した「再生リスト」はチャンネルページで公開される

ここで作成した再生リストは、自分のチャンネルに表示され、他の人に公開されます（113ページ参照）。見られたくなのであれば、「限定公開」「非公開」を選んでおきましょう。後から非公開設定にするには、96ページを参照してください。

他の動画をリストに追加する

すでに作成した再生リストに他の動画を追加する場合も同様に、再生ページを開いて「保存」ボタンをクリックします。一覧に表示された再生リスト名をクリックすると、再生リストに追加できます。

1. 再生リストに追加したい動画を開きます
2. をクリックします
3. 追加したい再生リストをクリックします

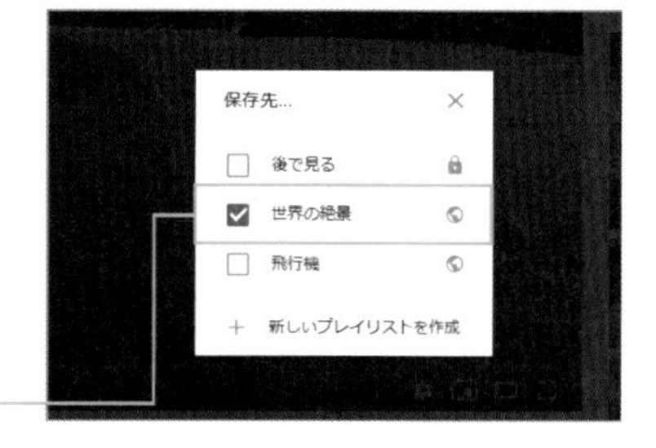

動画ページのURLを指定して再生リストに動画を追加する

動画ページからだけでなく、「再生リストの編集」ページからも動画を追加することができます。気になった動画ページのアクセスURLをコピーし、編集ページにURLを貼り付けましょう。

1 追加する動画のURLをコピーする

リストに追加したい動画ページにアクセスしたら、ブラウザのアドレス欄に表示されたアクセスURLをすべて選択して、右クリック→「コピー」を選択します。

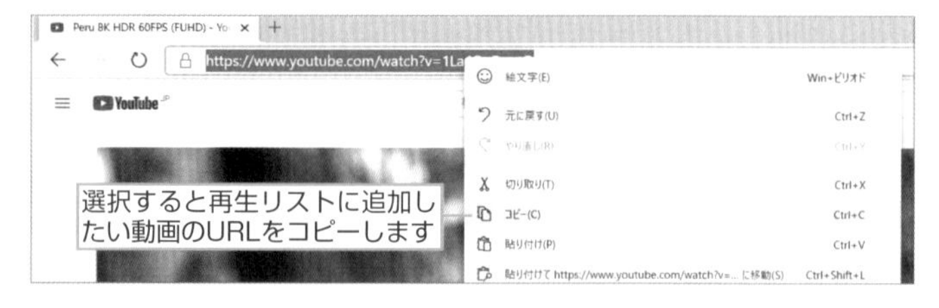

2 「YouTube Studio」を開く

画面右上のチャンネルアイコンをクリックし、「YouTube Studio」をクリックします。

3 再生リストを編集する

「再生リスト」を選択すると、自分が作った再生リストの一覧が表示されます。編集したい再生リストの「編集」ボタンをクリックします。

4 …をクリックする

個別の再生リストが表示されます。アカウント名上の…をクリックします。

5 「動画を追加する」をクリックする

メニューが表示されるので、「動画を追加する」をクリックします。

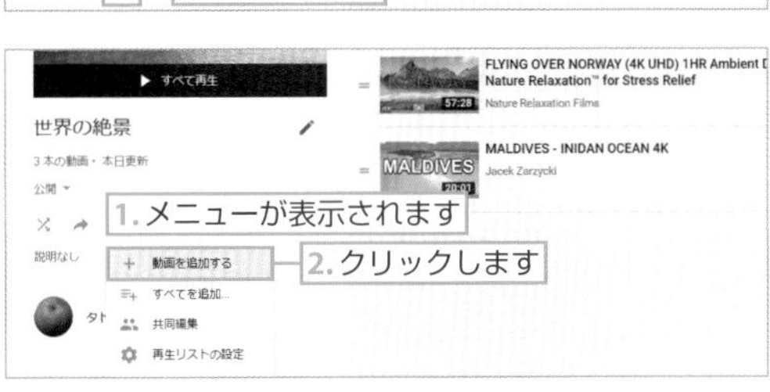

6 動画ページのURLを貼り付ける

「URL」を選択して、表示された入力フォームにマウスカーソルを合わせて右クリック→「貼り付け」を選択します。
動画ページのURLを貼り付けて、「動画を追加」ボタンをクリックします。

7 動画がリストに追加された

再生リストの末尾に動画が追加されました。

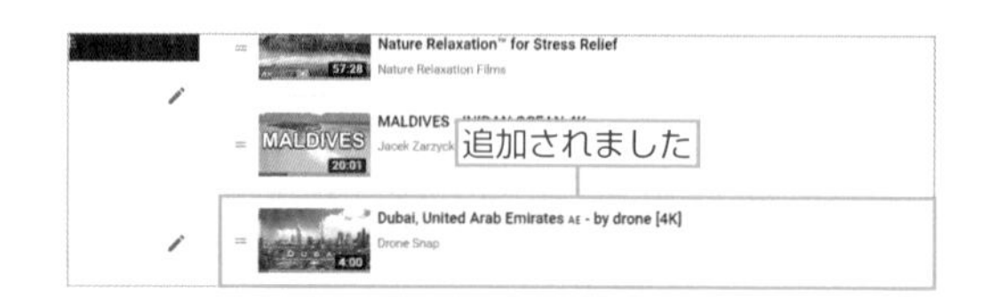

再生リストを見る

作成した再生リストは、画面左側のメニューに表示されます。ここから好きなリストを選択して再生します。

また、画面右上のチャンネルアイコンから「YouTube Studio」をクリック→「再生リスト」からでも再生リストを閲覧できます。

動画は連続再生される

動画の再生ページが表示され、リスト内の動画が連続して再生されます。リスト内の動画はシャッフル再生やループ再生も可能です。

リスト内のループ再生が行えます。

リスト内のシャッフル再生が行えます。

1.再生リストに追加されている動画が連続再生されます

2.クリックすると次の動画にジャンプします

Step 3-26

再生リスト内の動画を整理する

再生リスト内の動画は、再生順を並べ替えられるほか、動画の追加や削除といった操作も行えます。こまめに再生リストを整理して、好きな動画だけを好きな順番に再生できるようにしましょう。「後で見る」（84ページ）の動画も同様に整理できます。

再生リストの編集画面を開く

再生リストの編集画面からは、動画の並べ替え、追加や削除など、再生リストを使いやすくカスタマイズできます。

1 YouTube Studioを表示する

画面右上のチャンネルアイコンをクリックして、表示されたメニューの「YouTube Studio」をクリックします。

2 「再生リスト」をクリックする

左側のメニューの「再生リスト」をクリックします。

3 新規タブで個別の再生リストが表示される

作成した再生リストが一覧表示されました。編集したい再生リストの「編集」をクリックします。

4 個別の再生リストの編集画面が開く

再生リストの編集画面が開きました。

他の方法でも再生リストの編集画面に移動できる

リスト再生中に画面の再生リスト名をクリックしても、編集画面に移動することができます。

また、左側のメニューに表示されている再生リストを直接選んでも、再生リストの編集画面が開きます。

再生リスト内の動画を並び替える

「YouTube Studio」の再生リスト編集画面（89ページ参照）では、再生リストの動画の順番を変更できます。

動画の並び順をソートする

順番を入れ替えたい動画の右側にマウスカーソルを乗せると、⋮が表示されます。⋮をクリックして、表示されたメニューから並べ替えができます。

動画の並び順を並び替える

再生リストの左端をマウスカーソルで掴んで、上下にドラッグして並べ替えることができます。

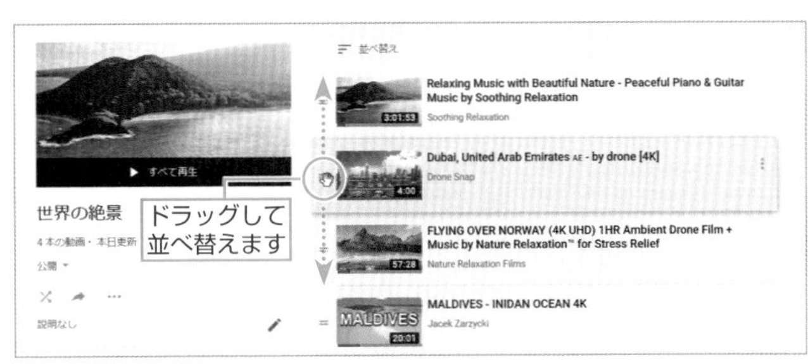

再生リストから動画を削除する

「YouTube Studio」の再生リスト編集画面（89ページ参照）で再生リスト内の動画右側にマウスカーソルを乗せると、⋮が表示されます。⋮をクリックして表示されたメニューから「[再生リスト名] から削除」を選択すると、再生リストから動画が削除されます。

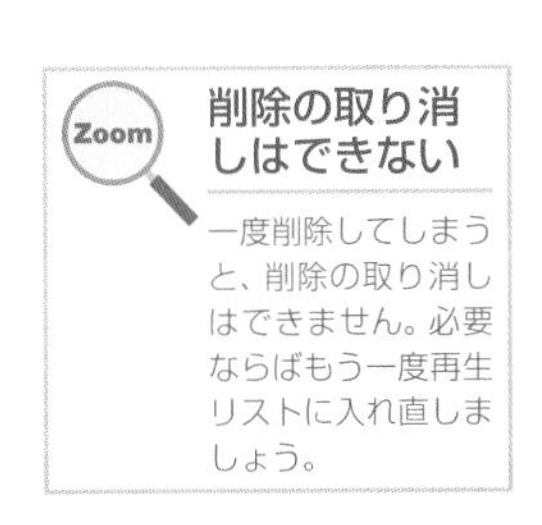

Zoom 削除の取り消しはできない

一度削除してしまうと、削除の取り消しはできません。必要ならばもう一度再生リストに入れ直しましょう。

再生リストのタイトルを変更する

「YouTube Studio」の再生リスト編集画面（89ページ参照）で再生リストのタイトルを変更できます。再生リストの画面でタイトルの右側にある✎をクリックします。再生リストのタイトルを変更して、「保存」ボタンをクリックします。

再生リストの説明をつける

「YouTube Studio」の再生リスト編集画面（89ページ参照）で、再生リストに説明文を追加できます。自分が作成した再生リストがどういう動画を収集しているかの説明を付け足しておくと便利です。

1 ✎をクリック

説明入力欄の右側にある✎をクリックします。

2 再生リストの説明文を変更

再生リストの説明文を変更して、「保存」ボタンをクリックします。

3 説明文が追加された

再生リストの説明文が追加されました。

再生リストのサムネイルを変更する

再生リストのサムネイルは、通常一番上にある動画のサムネイルが使用されますが、変更することが可能です。

1 サムネイルにしたい動画を選ぶ

「YouTube Studio」の再生リスト編集画面（89ページ参照）でサムネイルにしたい動画の右側にマウスカーソルを乗せると、⋮ が出現します。クリックして、表示されたメニューから「再生リストのサムネイルとして設定」を選択します。

2 サムネイルが変更される

サムネイルが変更されました。

▶ 作成した再生リストを並べ替える

作成したすべての再生リストの並び順を変更します。

1 YouTube Studioを表示する

画面右上のチャンネルアイコンをクリックし、表示されたメニューの「YouTube Studio」をクリックします。

2 「再生リスト」をクリックする

画面左側のメニューの「再生リスト」をクリックします。

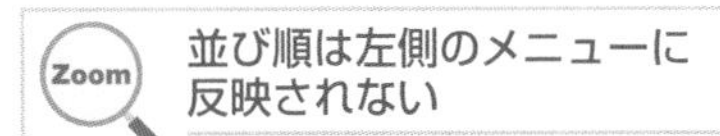

再生リストの並び順を変更しても、左側のメニューの順番は変えることができません。左側のメニューの再生リスト名は、追加した日付が新しい順に並ぶようになっています。

3 再生リストが一覧表示される

新規タブで再生リストが一覧表示されます。画面右の「表示」にある▼をクリックし、「作成の古い順」を選択します。

4 表示順を確認する

作成順の新旧で並べ替えができます。

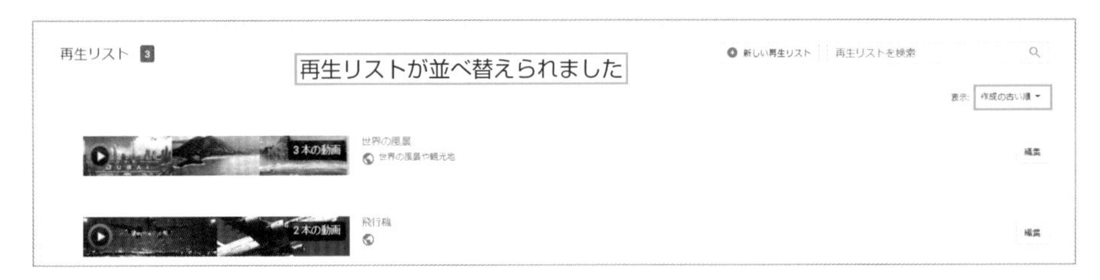

Step 3-27

再生リストの公開設定を変更する

作成した再生リストはチャンネルで公開されるため、他のユーザーからも確認することができます。自分が投稿した動画以外でも、好みや趣向を知られることになるので、人に見せたくない場合は非公開にしておくことをおすすめします。

再生リストの公開設定を変更する

再生リストの公開設定はリスト作成時に選択できますが（86ページ参照）、あとからでも変更できます。非公開設定にしている再生リストには、鍵のマーク🔒がつきます。

1 再生リストの編集画面を開く

「YouTube Studio」で個別の再生リスト編集画面（89ページ参照）を開き、「公開」のプルダウンメニューをクリックします。

2 公開設定を決定する

メニューから「非公開」を選択します。リンクを知っている人だけが視聴可能な「限定公開」を選択することもできます。

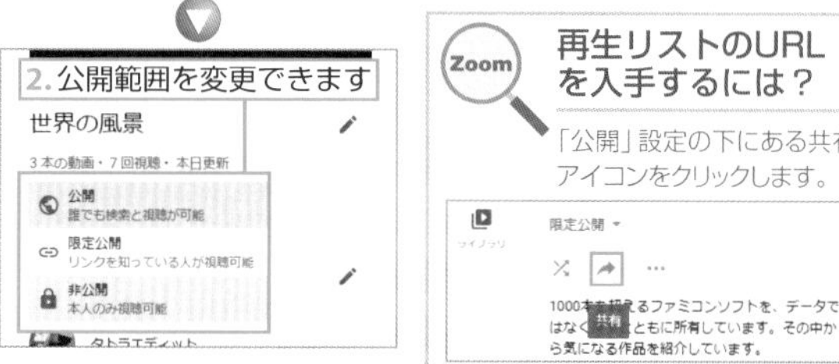

3 再生リストの公開範囲が変わる

再生リストを非公開にした場合は、リスト名の下に🔒が付きます。

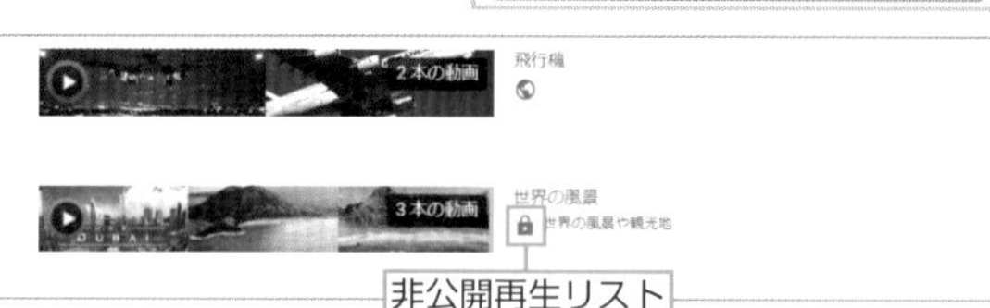

Zoom すべての再生リストを非公開にする

「プライバシー」の設定ですべての再生リストを非公開にすることも可能です（113ページ参照）。

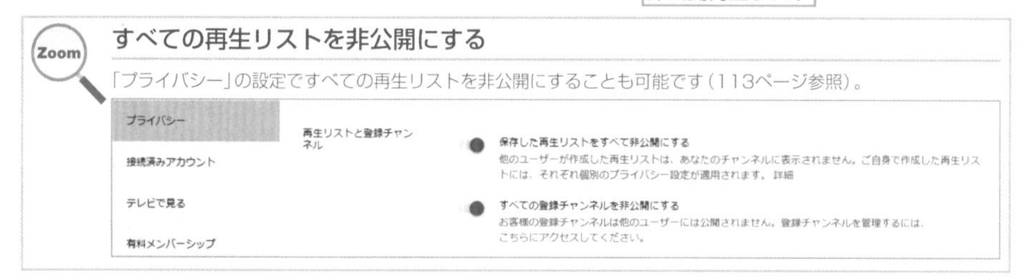

Part 4

チャンネルを使いこなす

チャンネルは、投稿者の最新動画や人気のある動画を一覧表示できる便利機能です。好みの投稿者の新着をいち早く確認することができます。自分のチャンネルを作成して、おすすめの動画を相手に見てもらうことも可能です。

Step 4-1

投稿者の「チャンネル」を見る

YouTubeユーザーが過去に投稿した動画などが見られるページのことを「チャンネル」と呼びます。YouTubeのアカウントを持っているユーザーは全員チャンネルを持っています。チャンネルには、そのユーザーが過去に投稿されたすべての動画はもちろん、作成した再生リストやコメントなどの情報がまとまっています。

チャンネル名をクリックしてチャンネルを表示する

気になるユーザーを見つけたら、チャンネルアイコンをクリックしてみましょう。

1 チャンネルを見たい人のチャンネルアイコンをクリックする

好きな動画を見つけたら、動画ビューアー左下にあるチャンネルアイコンをクリックします。

2 チャンネルが表示される

チャンネルが表示されます。

チャンネルの画面構成

チャンネルページは、以下のような構成になっています。

「ホーム」タブ
ユーザーの行動が新しいものから順に表示されます(100ページ参照)。

「再生リスト」タブ
ユーザーが作成した再生リストを見ることができます(※公開設定にしているもののみ)。

「チャンネル」タブ
ユーザーが登録しているチャンネルを見ることができます(※公開設定にしているもののみ)。

リンク
外部サイトへのリンクが設定されている場合に表示されます。

「動画」タブ
ユーザーがこれまでに投稿した動画が表示されます。

「コミュニティ」タブ
ユーザーとの交流が行える機能です。チャンネル登録者数が1000人未満のときは「コミュニティ」タブの代わりに「フリートーク」タブが表示されます。

「概要」タブ
チャンネルの説明文を読むことができます(100ページ参照)。

検索
チャンネル内を検索できます。検索対象は現在開いているチャンネルページですが、アクティビティに表示されている他のユーザーの動画やコメントは検索対象となりません。投稿した動画からキーワードに合致するものが表示されます。

チャンネル登録
下記参照

チャンネルを登録する

チャンネルを登録すると、そのチャンネルの新着動画のお知らせを受け取ることができます。
チャンネルの登録については、101ページから詳しく解説します。

「ホーム」タブを見る

チャンネルページの「ホーム」タブでは、ユーザーの行動（動画を投稿した／動画を高く評価した／再生リストに動画を追加した／コメントをした）が新しいものから順に表示されます。

アクティビティを絞って表示する

「ホーム」タブでは、投稿者の情報が時系列に整理されて表示されます。
ここから、例えば「アップロード動画」を選択すると、ユーザーが動画をアップロードした情報だけが表示されます。

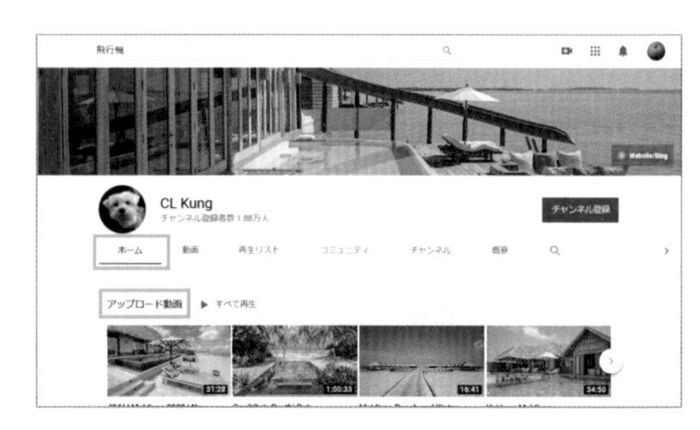

「ホーム」タブの情報を固定しているチャンネルもある

チャンネルによっては、「ホーム」タブの表示内容がそれほど多くない場合もあります。これは、投稿者が見せる情報を指定しているためです。
企業や団体などのチャンネルページは、表示内容を固定したものが多い傾向にあります。

「概要」タブを見る

「概要」タブでは、チャンネルの説明などが書かれています。また、関連サイトへのリンクがある場合もあります。⚑をクリックすると、チャンネルの違反をYouTubeに報告できます。

Step 4-2

チャンネルを視聴登録しよう

好きな動画を見つけたら、そのユーザーのチャンネルにアクセスして、他の投稿動画を眺めてみましょう。気に入りそうな動画が投稿されていたらチャンネル登録すると、最新動画を随時チェックできるようになります。

登録したチャンネルは左側のメニューに表示される

登録したチャンネルは、インターネットブラウザの「お気に入り」のようなものといえます。登録したチャンネルは左側のメニューに表示されるので、ここからいつでもアクセスできます。

登録したチャンネルが左側のメニューに表示される

登録チャンネルの新着情報がトップページに表示される

左側のメニューの登録チャンネルの名前の横にある(•)や、YouTubeのトップページの上部にあるベルアイコンをクリックすると、登録済みチャンネルの更新情報が表示されます。

登録チャンネルのお知らせ

登録したチャンネルに新着動画があると、トップページでお知らせしてくれます（71ページ参照）。

動画ページからチャンネル登録する

気に入ったチャンネルを見つけたら、チャンネル登録してみましょう。

1 動画ページにアクセスする

好きな動画を見つけたら、動画ビューアー左下のチャンネルアイコンをクリックします。

2 チャンネル登録する

チャンネルページが開きます。「チャンネル登録」ボタンをクリックするとチャンネル登録完了です。

登録したチャンネルを確認する

登録したチャンネルは、YouTubeのホーム画面の左側のメニューから表示できます。「登録チャンネル」でチェックしたいチャンネルをクリックすると、チャンネルが開きます。

カテゴリから目当てのチャンネルを見つける

チャンネルはカテゴリ（ジャンル）から見つけることができます。ホーム画面の「チャンネル一覧」をクリックするとカテゴリ一覧が表示されるので、気になるカテゴリをクリックします。
そのカテゴリにまとめられているチャンネルが一覧表示されるので、気になるものをチェックして、登録してみましょう。

1 「チャンネル一覧」をクリックする

YouTubeのホーム画面の左側のメニューから、「チャンネル一覧」をクリックします。

2 チャンネルを選択して内容を確認する

「チャンネル一覧」ページが表示されます。カテゴリに登録されているチャンネルが一覧表示されるので、気になるアイコンをクリックして内容を確認します。

Step 4-3

チャンネル登録を解除する

登録したもののあまり観ていないチャンネルをそのままにしておくと、本当によく観るチャンネルの情報を見逃してしまうこともあります。登録チャンネルは定期的に整理しておきましょう。

▶ 登録チャンネル一覧から観ないものを解除する

現在登録しているチャンネルはユーザーページで確認・整理することができます。チャンネル一覧を表示させ、あまり観ていないチャンネルの登録を解除しましょう。

1 チャンネルページの「登録済み」をクリックする

解除したいチャンネルページを表示して、「登録済み」ボタンをクリックします。

2 チャンネル登録を解除する

ポップアップが開くので「登録解除」ボタンをクリックしましょう。登録が解除できます。

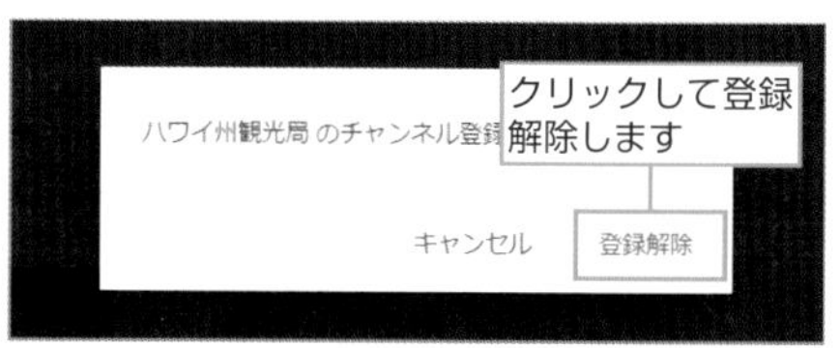

動画ページからも登録解除可能

すでに登録しているチャンネルの動画を再生させると、動画ページの投稿ユーザー名横に「登録済み」と表示されています。このボタンをクリックして登録を解除することも可能です。

チャンネル情報の更新通知設定も行える

「登録済み」ボタン横にあるベルアイコンをクリックします。ここでは、チャンネルの更新状況の通知設定を行えます。

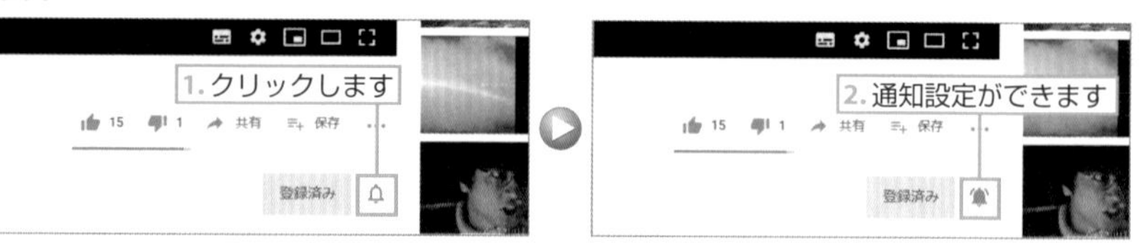

Step 4-4

登録チャンネルを管理する

「登録チャンネル」は便利な機能である反面、たくさんチャンネルを登録していると情報が雑多になりすぎることも少なくありません。必要な情報に手早くアクセスできるように整理しておきましょう。

登録チャンネルの新着情報を表示する

ホーム画面左側のメニューの「登録チャンネル」をクリックすると、登録したチャンネルの新着情報が表示されます。

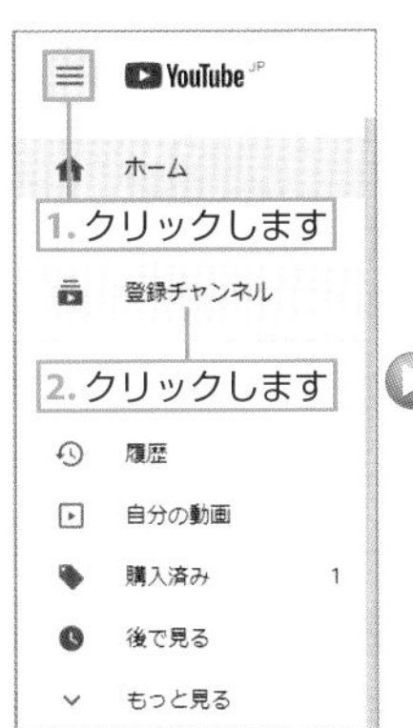

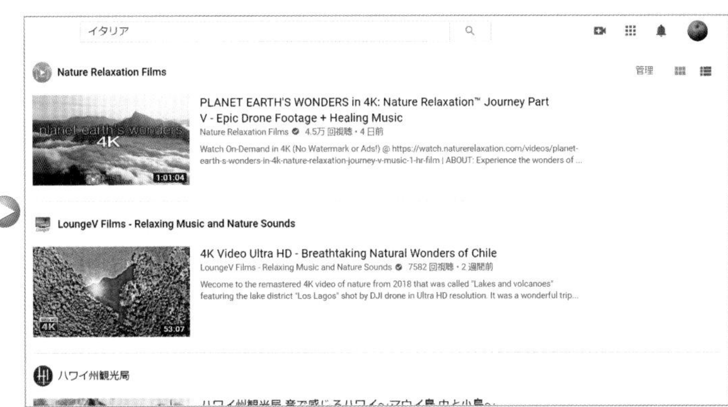

グリッド表示に切り替える

画面右上のアイコンで、リスト表示とグリッド表示を切り替えられます。グリッド表示にすると、サムネイルがタイル状に並びます。

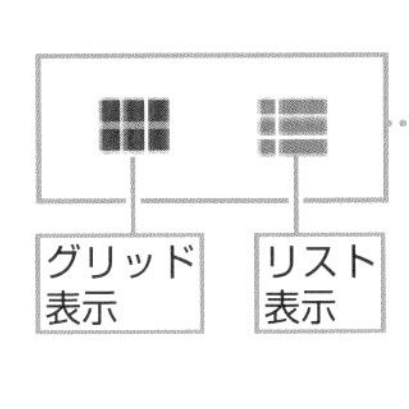

すべての登録チャンネルを確認する

すべての登録チャンネルを一覧できます。複数のチャンネルに登録している場合の設定変更などに便利です。

1 「管理」を開く

左側のメニューから「登録チャンネル」を開き、「管理」をクリックします。

2 登録チャンネルの管理画面が開く

登録されたチャンネルの一覧が開きます。「登録済み」ボタンをクリックすると、登録を解除できます。

Step 4-5

自分のチャンネルを見る

自分のチャンネルは、アカウント作成時に開設されています（49ページ参照）。ここでは自分のチャンネルの構造を見てみましょう。

自分の「チャンネル」ページを見る

画面右上のチャンネルアイコンをクリックして表示されるメニューから「チャンネル」を選択すると、自分のチャンネルのページが表示されます。自分が登録しているチャンネルや、作成した再生リストなどが確認できます。
他の人があなたのチャンネルページを見たときも同じものが表示されるので、これらの情報を表示させたくないときは、113ページを参照して、公開情報を制限しましょう。

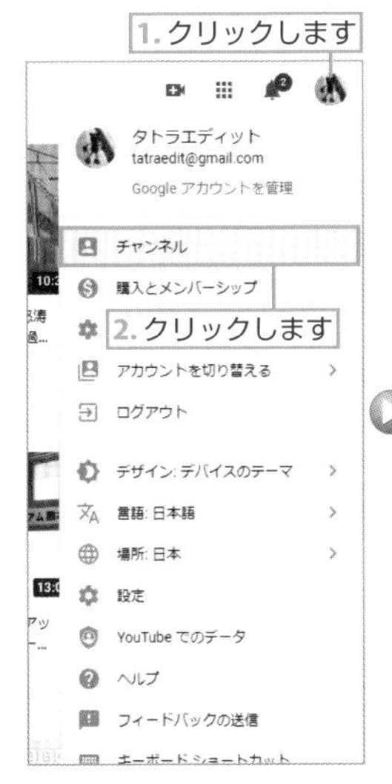

チャンネルのレイアウトをカスタマイズしている場合

自分のチャンネルは、カスタマイズするとさまざまな情報を表示できるようになります。
動画を投稿している場合は、チャンネルページのレイアウトをカスタマイズしてオリジナリティを出すと、動画のアクセス数がアップします。
詳しいカスタマイズ方法は、114ページから解説します。

動画を管理

「このチャンネルの動画」画面が開きます。

Step 4-6

バナー画像とプロフィール写真を変更する

他のユーザーのチャンネルを見ていると、チャンネルの上部に独自の画像を設定しているものがあります。チャンネルをカスタマイズすると、見栄えの良いチャンネルになります。

ヘッダー画像をカスタマイズする

チャンネルの上部に、オリジナルの画像を追加できます。配信するチャンネルに合わせた画像を設定しておくことで、訪問したユーザーがどういった動画が集まっているのかを認識しやすくなるので、ぜひ設定しておきましょう。

1 「チャンネルをカスタマイズ」ボタンをクリックする

画面右上のチャンネルアイコンから自分の「チャンネル」を開き（107ページ参照）、「チャンネルをカスタマイズ」ボタンをクリックします。

2 バナー画像を選択する

「チャンネルのカスタマイズ」画面が開きます。「ブランディング」にタブを切り替え、バナー画像の「アップロード」をクリックします。

3 背景の画像を選択する

バナーとして利用する画像を選択して、「開く」ボタンをクリックします。

4 サイズを調整する

バナーの不要な部分を切り取るなどしてサイズを変更します。使用するサイズが決まったら、「完了」ボタンをクリックします。次に開く画面では、画面右上にある「公開」ボタンをクリックします。

5 バナー画像が追加された

バナーが指定した画像で作成されました。

プロフィール写真を変更する

YouTubeアカウントのプロフィール写真を変更すると、Googleアカウントの写真も変更されます。

1 プロフィール写真をクリックする

画面右上のチャンネルアイコンから自分の「チャンネル」を開きます。
プロフィール写真にマウスカーソルを乗せると編集アイコンが表示されるので、クリックします。

2 「変更」をクリックする

「チャンネルのカスタマイズ」画面が新規タブで開きます。プロフィール写真の「変更」をクリックします。

3 画像を選択する

プロフィール写真として利用する画像を選択し、次の画面でプロフィール写真の不要な部分を切り取るなどしてサイズを変更します。使用するサイズが決まったら、「完了」ボタンをクリックします。

4 「公開」をクリックする

プレビューで確認して、「公開」ボタンをクリックします。

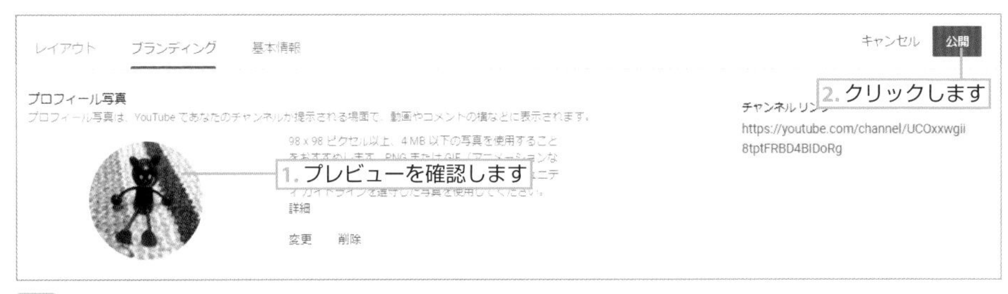

5 登録完了

アイコンが登録されました。

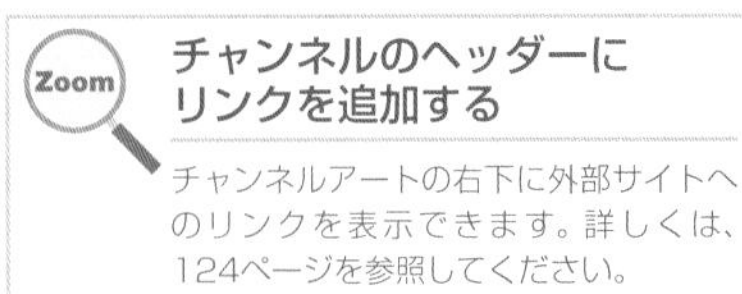

チャンネルのヘッダーにリンクを追加する

チャンネルアートの右下に外部サイトへのリンクを表示できます。詳しくは、124ページを参照してください。

Step 4-7

チャンネルで公開される自分の情報を限定する

初期状態では、自分のチャンネルに登録チャンネルなどの操作情報が公開されています。自分が投稿した動画だけではなく、自分が登録しているチャンネルや作成した再生リストなどを表示できるよう、設定を変えることもできます。

自分の操作情報を非公開にする

チャンネル登録などの自分の操作情報は、非公開に設定することができます。

1 「設定」をクリックする

画面右上のチャンネルアイコンをクリックして、「設定」をクリックします。

2 表示させるアクティビティを選択する

左メニューの「プライバシー」を選択します。「保存した再生リストをすべて非公開にする」と「すべての登録チャンネルを非公開にする」をオンにします。

Step 4-8

自分のチャンネルの「ホーム」をカスタマイズする

チャンネルは、カスタマイズできます。特にチャンネルの「ホーム」は、他のユーザーが訪れたときに見られるチャンネルの顔となるページです。ここには、最も見せたい内容が表示されるよう、カスタマイズしておくといいでしょう。

チャンネルの「ホーム」の画面構成

画面右上のチャンネルアイコンからチャンネルの「ホーム」を見てみましょう。自分が登録しているチャンネル、過去にアップロードした動画、作成した再生リストなどが表示されます。

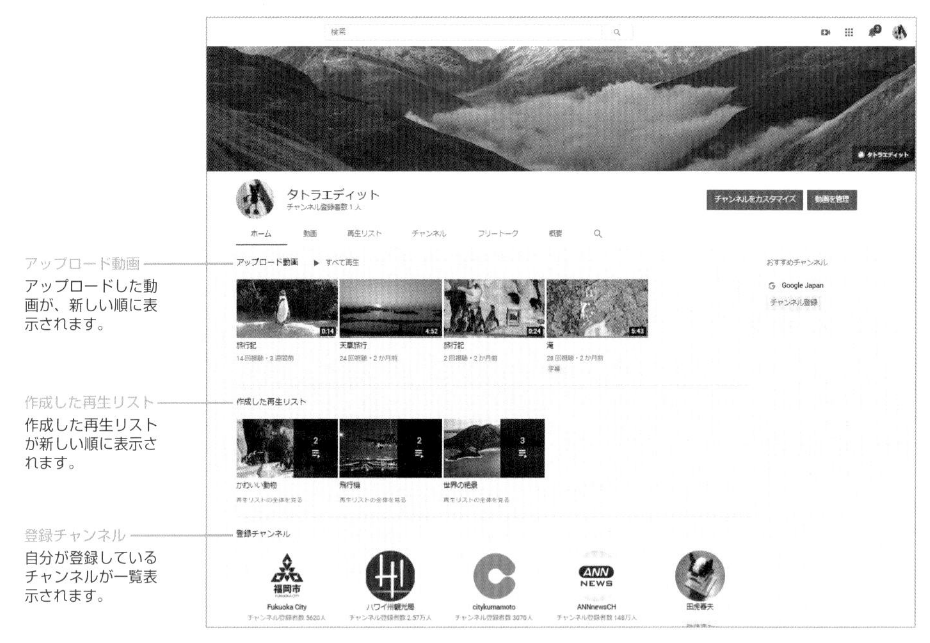

登録チャンネルなどを非公開にしている場合

113ページの方法で、登録チャンネルなどを非公開にしている場合は、本人以外には表示されません。

▶ チャンネルの「ホーム」のレイアウトをカスタマイズする

ホームのカスタマイズ画面を開きます。

1 「チャンネルのカスタマイズ」をクリックする

画面右上のチャンネルアイコンをクリックして自分のチャンネルを開き、「チャンネルをカスタマイズ」ボタンをクリックします。

2 「チャンネルのカスタマイズ」画面が開く

「チャンネルのカスタマイズ」画面が開きます。「レイアウト」タブから「チャンネル登録していないユーザー向けのチャンネル紹介動画」と「チャンネル登録者向けのおすすめ動画」が追加できます。
それぞれに向けて違うホーム画面を見せたり、一番見てもらいたい動画を1つに絞って大きく表示させたり、重要な再生リストを表示させたりするなどのカスタマイズが可能です。

一番上部に見てもらいたいおすすめ動画を表示する

「チャンネルのカスタマイズ」画面から、ホーム画面に大きくおすすめ動画を表示することができます。自己紹介の動画や人気の動画を固定表示させましょう。

1 おすすめ動画を追加する

「チャンネルのカスタマイズ」画面の「レイアウト」タブを開き(115ページ参照)、「チャンネル登録者向けのおすすめ動画」にある「追加」をクリックします。

2 動画を選択する

ホーム画面で紹介したい動画を1つ選択します。

3 「公開」をクリックする

「チャンネル登録者向けのおすすめ動画」に追加した動画が表示されます。
画面右上にある「公開」ボタンをクリックします。

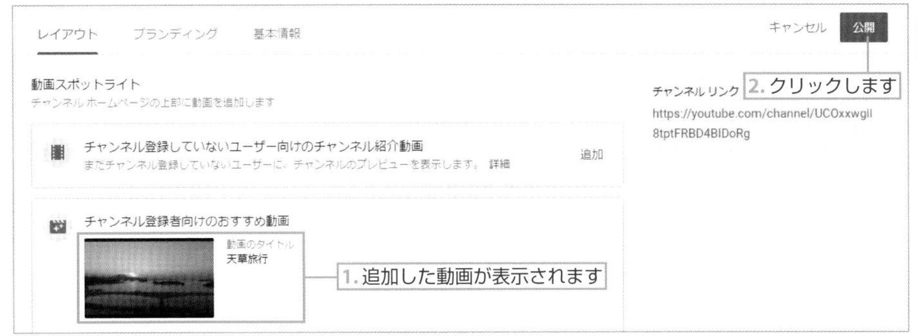

4 おすすめ動画が大きく表示された

おすすめ動画が大きく表示されました。

新規の訪問者向けのおすすめ動画を設定する

「チャンネルのカスタマイズ」画面（115ページ参照）の「レイアウト」タブにある「チャンネル登録していないユーザー向けのチャンネル紹介動画」からは、初めてチャンネルに訪れたユーザー向けに、チャンネル登録者と異なるホーム画面を設定できます。

はじめて訪れたユーザーにチャンネル登録をしてもらえるような動画を設置しておくと効果的です。

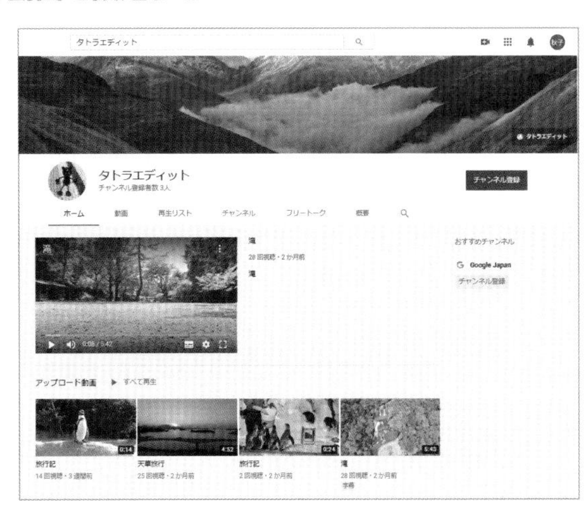

ホームの表示を追加する

「チャンネルのカスタマイズ」画面（115ページ参照）の「レイアウト」タブの一番下にある注目セクションの「セクションを追加」をクリックすると、ホーム画面に表示するコンテンツを追加できます。

1 「セクションの追加」をクリックする

「注目セクション」の「セクションの追加」をクリックします。

2 コンテンツを選択する

表示させるコンテンツを選択します。ここでは、「作成した再生リスト」を選択しました。

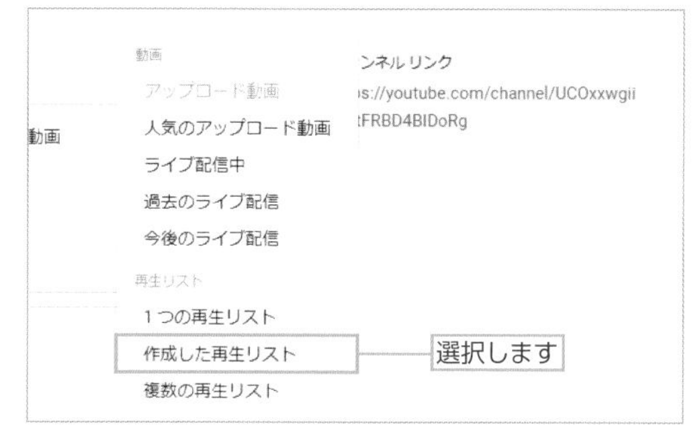

3 「公開」をクリックする

プレビューで確認して、「公開」ボタンをクリックします。

4 編集完了

変更されました。

▶ ホームの表示を編集する

ホームのコンテンツは、不要な項目を削除したり、順番を変更したりできます。

1 セクションを削除する

「チャンネルのカスタマイズ」画面（115ページ参照）の「レイアウト」タブの「注目セクション」で削除したい項目（ここでは作成した再生リスト）の右端にある ⋮ をクリックして「セクションを削除」をクリックします。

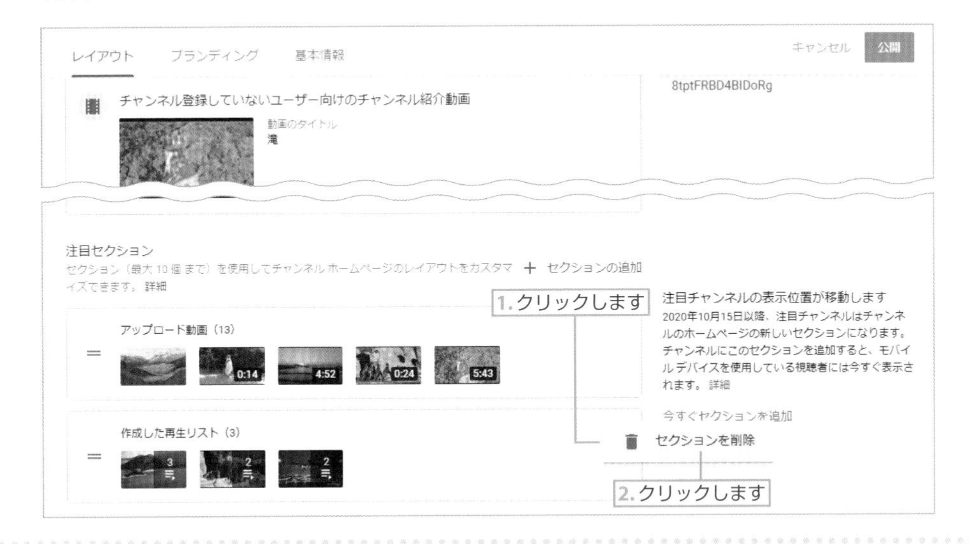

2 「公開」をクリックする

プレビューで確認して、「公開」ボタンをクリックします。

3 編集完了

変更されました。

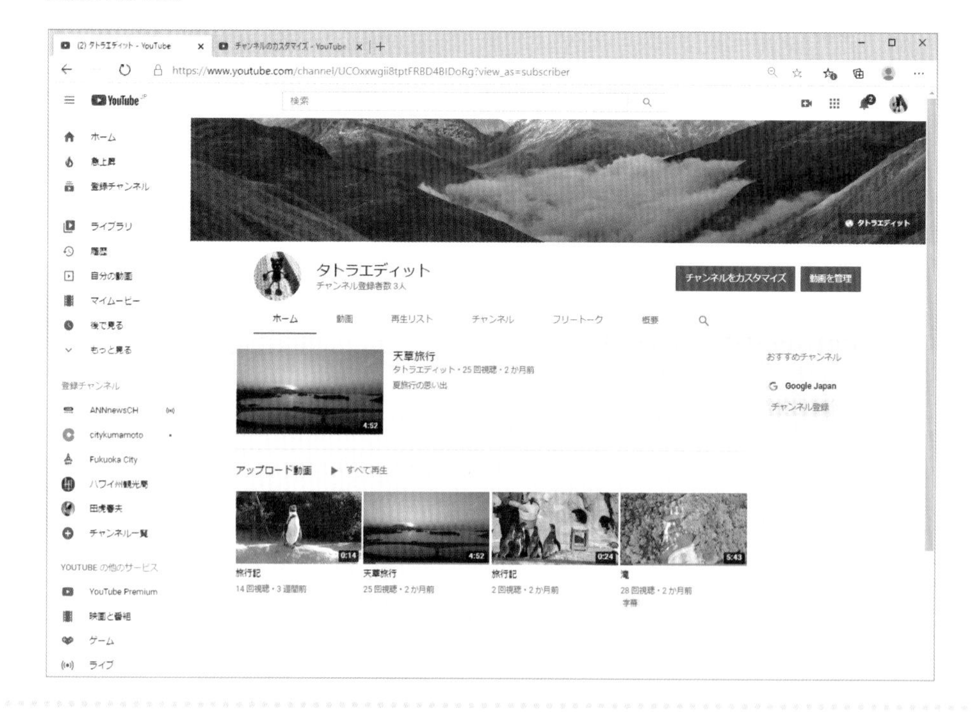

「注目チャンネル」を利用する

「チャンネルのカスタマイズ」画面（115ページ参照）の「レイアウト」タブにある注目セクションの「セクションを追加」をクリックして、宣伝したいチャンネルをおすすめできます。

1 「セクションの追加」をクリックする

注目セクション欄の「セクションの追加」をクリックします。

2 コンテンツを選択する

「注目チャンネル」をクリックします。

3 チャンネルを検索する

「Section title」にタイトルを入力し、「YouTubeのチャンネル」にチャンネル名を入力して検索します。検索結果からチャンネルを選択して、右下の「完了」をクリックします。

4 「公開」をクリックする

プレビューで確認して「公開」ボタンをクリックします。

5 編集完了

変更されました。

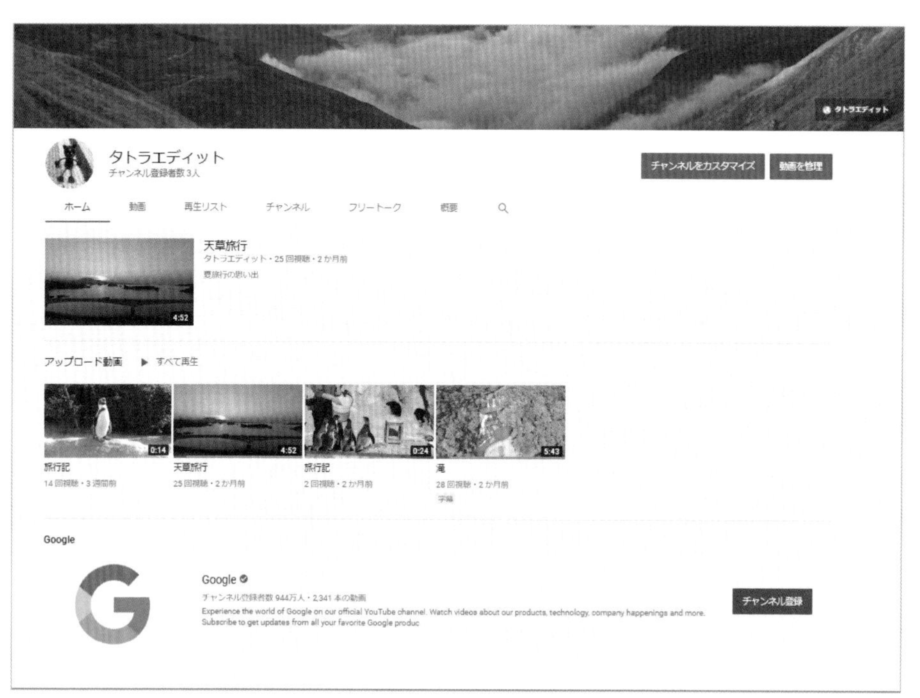

Step 4-9

「フリートーク／コミュニティ」タブでコメントする

「フリートーク」は、動画ではなくチャンネルの所有者に向けてコメントをする機能です。チャンネルへのコメントに返信するなどして、コミュニケーションを図ることができます。

「フリートーク」タブでコメントのやり取りができる

チャンネルでは、「フリートーク」で自由にコメントを投稿できます。また、他のユーザーからコメントをつけてもらえると、コメントのやりとりができます。

コメントを管理する

投稿した（された）コメントの右上にマウスカーソルを合わせて、⋮からコメントを削除したり、不適切なユーザーからの投稿をブロックしたりすることができます。

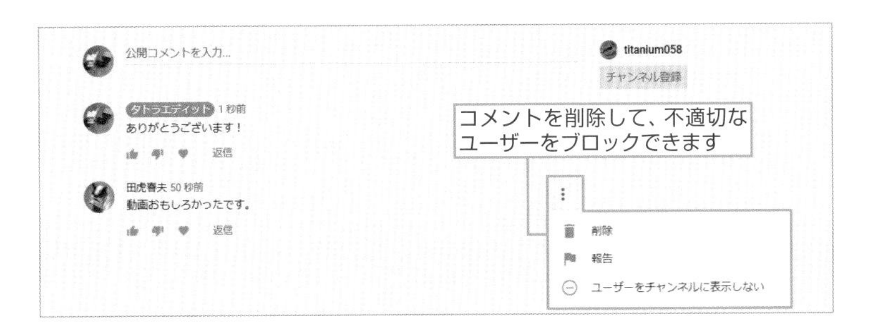

Step 4-10

チャンネルの説明文／リンクを設定する

自分の「チャンネルのカスタマイズ」画面では、「概要」と「リンク」を設定しましょう。特に「概要」はチャンネルの説明文や参照リンクを記述しておくことができます。訪れたユーザーが、このチャンネルではどのような動画を集めているのかを参照できる有用な手段になります。

「概要」と「リンク」の設定

「チャンネルのカスタマイズ」画面（115ページ参照）の「概要」タブでは、「概要」と「リンク」を設定します。

リンク
ホームページやブログなどのリンクをつけることができます。チャンネルアートの右下にも表示されます。

説明
チャンネルの説明を表示します（125ページ参照）。

「概要」を編集する

「概要」タブに自由にチャンネルの説明文を書きましょう。

説明文は、YouTubeのさまざまな場所に表示されます。

1 「チャンネルの説明」をクリック

「チャンネルのカスタマイズ」画面（115ページ参照）にある「基本情報」タブをクリックして、「チャンネルの説明」をクリックします。

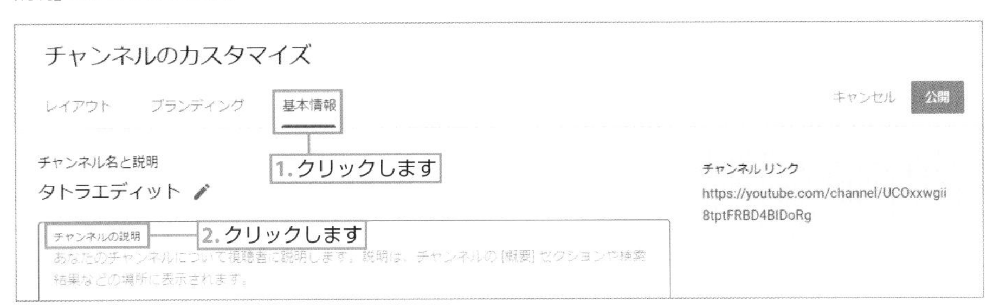

2 チャンネルの説明文を入力する

フォームに説明文を入力し、「公開」ボタンをクリックして保存します。

3 メールアドレスを登録する

説明文が登録できました。同じ手順で、画面下部にある「連絡先情報」にメールアドレスも登録しておきます。
「メール」には、問い合わせなどに利用するためのメールアドレスを表示させましょう。
「リンク」には、次ページで登録したリンクのURLが表示されます。

リンク
視聴者と共有するサイトのリンクを追加します
＋ リンクを追加

連絡先情報
ビジネス関連の連絡先を記載してください。入力したメールアドレスは、チャンネルの［概要］セクションに表示され、視聴者が閲覧できます。

メール
tatra555@gmail.com ― メールアドレスを登録します

チャンネルにリンクを設定する

自分のホームページやブログを持っている場合は、URLを表示させて導線を作ることもできます。最大5件のリンクを表示させることができます。

前ページの手順3で「リンク」の「リンクを追加」をクリックして「追加」ボタンをクリックし、カスタムリンクに表示させたい文字とURLを入力し、「公開」ボタンをクリックします。

リンクはバナーにも表示される

「概要」タブに設定したリンクはバナーにも表示されます。

Step 4-11

チャンネルの詳細設定

YouTube Studioの「設定」にある「チャンネルの詳細設定」では、チャンネルで公開される情報についてさらに細かく指定することができます。

チャンネルの公開情報を設定する

自分のチャンネルを「おすすめチャンネル」に表示させたくない場合や、自分のチャンネルの登録人数を非公開にしたい場合などは、次のように設定します。

1 チャンネル設定画面を開く

画面右上のチャンネルアイコンをクリックしてYouTube Studioを開き、左メニューの「設定」をクリックします。

2 詳細設定画面を開く

左メニューの「チャンネル」をクリックして、「詳細設定」タブの下側にある「チャンネルの詳細設定」をクリックします。

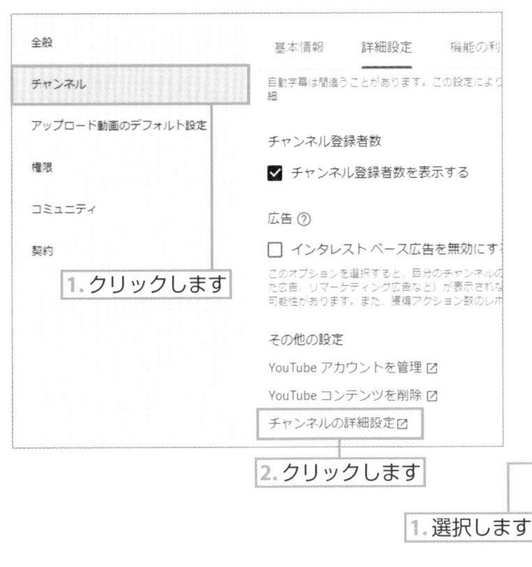

3 非表示に指定する

「チャンネルのおすすめ」と「チャンネル登録者数」で非表示に設定して、「保存」ボタンをクリックします。

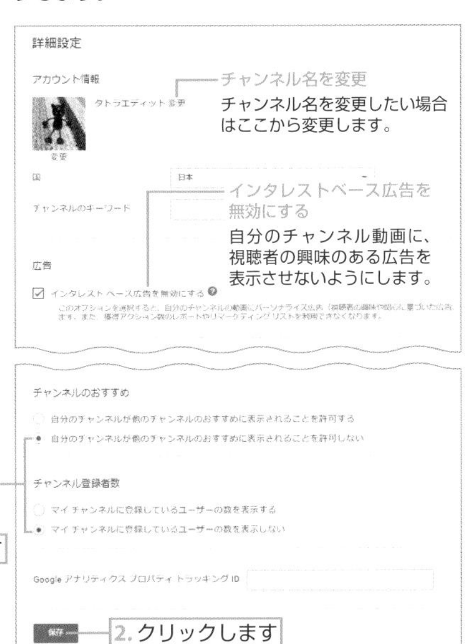

Step 4-12

映画を購入する

YouTubeでは、無料配信されている動画のほかに、映画を有料で購入したり、一定期間だけ視聴可能な権利をレンタルできます。DVDなどのレンタルとは異なり、返却の必要はありません。視聴期間が終了すると、再生できなくなります。

YouTubeで映画を購入する

映画の購入やレンタルには、クレジットカードまたはPayPalのアカウントが必要です。

1 「映画と番組」をクリックする

ホーム画面の左側のメニュー下部にある「YOUTUBEの他のサービス」の「映画と番組」をクリックします。

2 映画を探す

「映画と番組」画面が表示されます。映画はジャンルごとに分かれています。観たい映画が決まったら作品名をクリックしましょう。

3 「購入またはレンタル」をクリックする

映画のプレビュー画面が流れます。画面右上の「購入またはレンタル」ボタンをクリックします。

4 金額をクリックする

レンタルまたは購入の金額が表示されます。「購入」下にある金額が書いてあるボタンをクリックします。

5 支払方法を選択

クレジットカードまたはPayPalで支払うことができます。
どちらかを選択して、「今すぐ支払う」ボタンをクリックします。

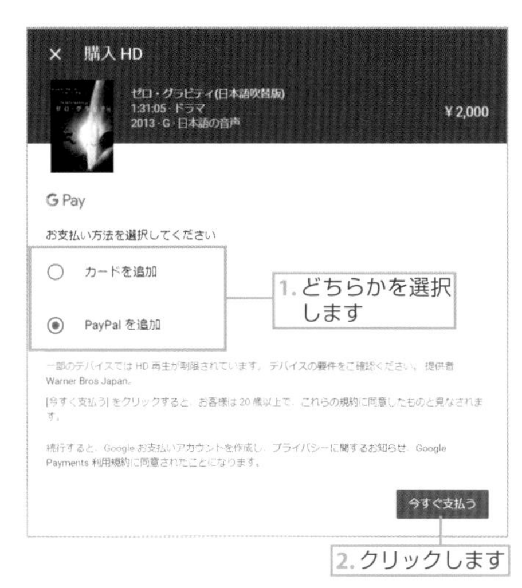

6 支払いを完了する

支払いを行うと完了画面が表示され、動画の視聴ができるようになります。

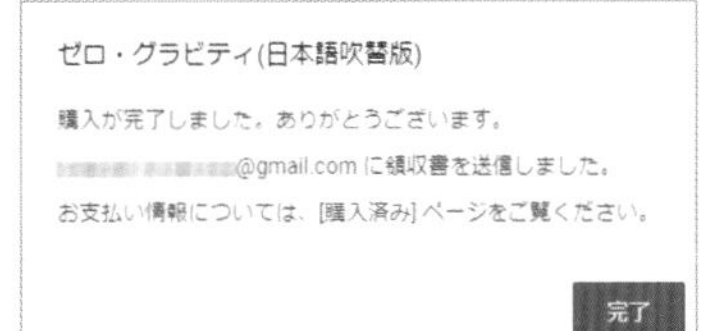

Step 4-13

映画をレンタルする

YouTubeでは人気の映画を有料（一部無料）でレンタルして観ることができます。なお、支払いにはクレジットカードが必要です。

YouTubeで映画をレンタルする

YouTubeで映画をレンタルしてみましょう。支払いにはGoogleの決済システムを使用します。一度登録してしまえば、以後は少ない手順で簡単にレンタルできます。なお、スマートフォンでも映画レンタルは可能です。

1 「映画と番組」をクリックする

ホーム画面の左側のメニュー下部の「YOUTUBEの他のサービス」にある「映画と番組」をクリックして、映画カテゴリに進みます。

2 映画トップ画面が表示される

映画のトップ画面が表示されます。観たい映画を探しましょう。

3 映画個別ページ

観たい作品が決まったら作品名をクリックすると、プレビュー画面に移動します。

4 予告編を観る

プレビュー画面が流れ、金額をクリックすると購入やレンタルの手続きに移行します。

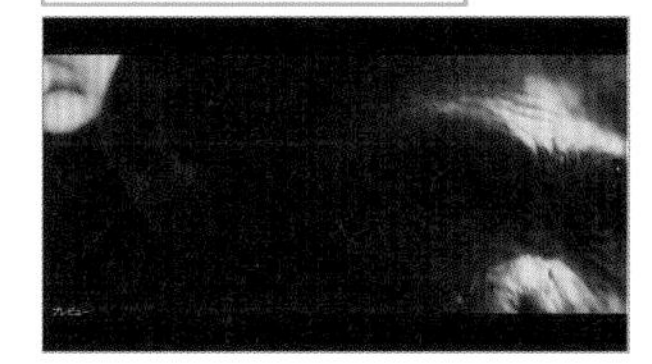

5 「購入またはレンタル」をクリックする

レンタルすることに決めたら、タイトルの右にある「購入またはレンタル」ボタンをクリックします。

Zoom 無料映画の場合

無料の映画には金額ではなく「今すぐ見る」ボタンが表示されます。クリックすると決済手続きなしにそのまま観ることができます。

6 レンタルの詳細が表示される

選択した映画が表示されるので、間違いがないことを確認して、金額のボタンをクリックします。

7 「Google Payment」が起動

Googleの決済システム「Google Payment」が起動します。金額を確認して「クレジットカード番号や有効期限、CVC、名義を入力し、「今すぐ支払う」ボタンをクリックします。

8 「購入」をクリックする

最終確認画面が表示されるので、問題がなければ「購入」ボタンをクリックします。

登録済みの場合

ここでは「Google Payment」の初回登録方法を説明していますが、すでに登録済みの場合は「クレジット情報の入力画面」ではなく「CVC番号のみの入力画面」ボタンが表示され、すぐに購入手続きに移ることができます。

PayPalでも購入可能

PayPalのアカウントが登録されていれば、クレジットカードの新規登録をすることなく、PayPalの引き落とし情報でビデオをレンタルすることができます。

9 映画を鑑賞できる

購入が完了すると、再生画面が表示されます。レンタルの場合は、「レンタル期間を開始」をクリックすると、視聴できるようになります。

レンタルした映画を後から観たい場合

レンタル期間内のタイトルは、映画を何度でも観ることができます。

1 「購入済み」を選択する

左上の≡メニューを開き、「マイムービー」から「購入済み」タブをクリックすると、現在観賞できる映画が一覧表示されます。

2 再生する

クリックして再生します。

Step 4-14 人気のゲーム動画を観る

ゲーム実況などをYouTubeで見るときには「ゲーム」機能が便利です。「ゲーム」メニューでは、ゲームのタイトルごとに配信されている動画がまとまり、観たいものをいち早く探すことができます。

「YOUTUBEの他のサービス」から「ゲーム」を選択

1 「ゲーム」をクリックする

ホーム画面の左側のメニュー下部にある「YOUTUBEの他のサービス」の「ゲーム」をクリックします。

2 ゲーム動画を探す

ゲームチャンネルが表示されます。「ライブ配信」や登録チャンネルと履歴に基づいて作成された「おすすめ」などに分類されています。ゲームタイトルを選択します。

3 動画を選択する

選択したゲームタイトルの動画を集めたページが表示されるので、気になる動画をクリックします。手順 2 で個別の動画を選択した場合は、そのまま動画が始まります。

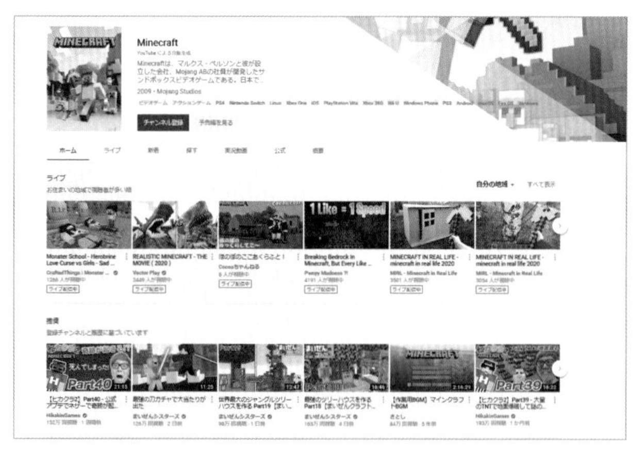

Step 4-15

ライブ配信動画を観る

YouTubeでは、録画・編集済みの動画の他に、ライブ配信という現在収録中の動画を観ることができます。通常はどちらも同じように一覧表示されていますが、ライブ配信だけを観たいときには、ライブ中のチャンネルだけを表示させて選ぶことができます。

「YOUTUBEの他のサービス」から「ライブ」を選択

1 「ライブ」をクリックする

ホーム画面の左側のメニュー下部にある「YOUTUBEの他のサービス」の「ライブ」をクリックします。

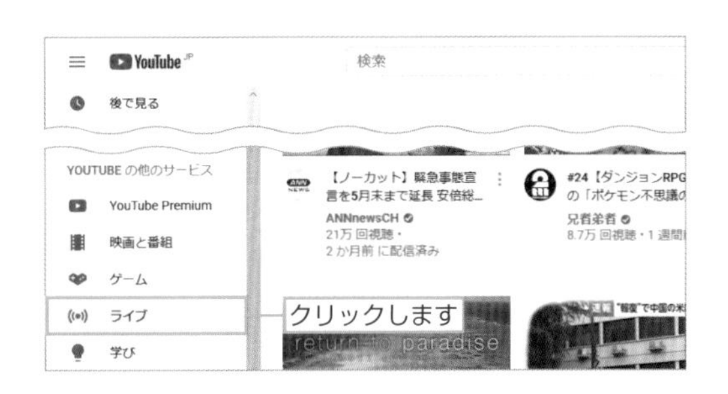

2 動画を探す

ライブ配信の動画が一覧表示されました。現在配信中の動画や、今後配信予定の動画などがカテゴリごとに表示されます。観たい動画のサムネイルをクリックします。

3 ライブ配信動画を観る

選択したライブ配信中の動画が表示されます。

Step 4-16

ライブ配信のチャットに書き込む

録画・編集された動画にはコメントを書き込むことができますが、ライブ配信中の動画へは、チャットを使ってリアルタイムに視聴者同士、または配信者とコミュニケーションを行うことができるようになっています。

「YOUTUBEの他のサービス」から「ライブ」を選択

1 「ライブ」をクリックする

ホーム画面の左側のメニュー下部にある「YOUTUBEの他のサービス」の「ライブ」をクリックします。

2 動画を探す

ライブ配信中の動画が一覧表示されるので、観たいライブ動画のサムネイルをクリックします。

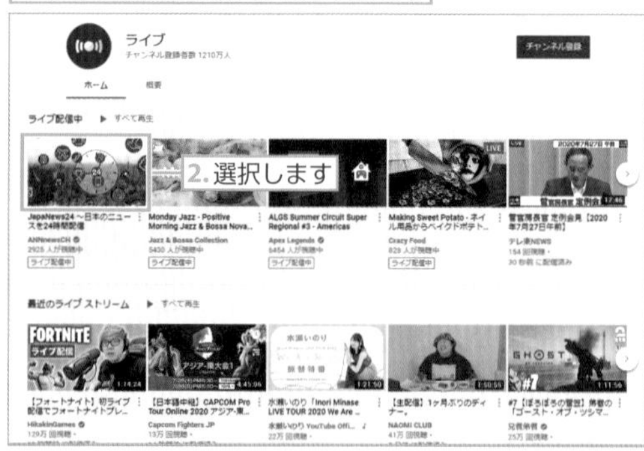

3 コメントを入力する

動画が表示され、画面右側にはチャット欄が表示されます。チャット欄下部にある「メッセージを入力」をクリックしてコメントを入力し、「送信」ボタン➤をクリックします。

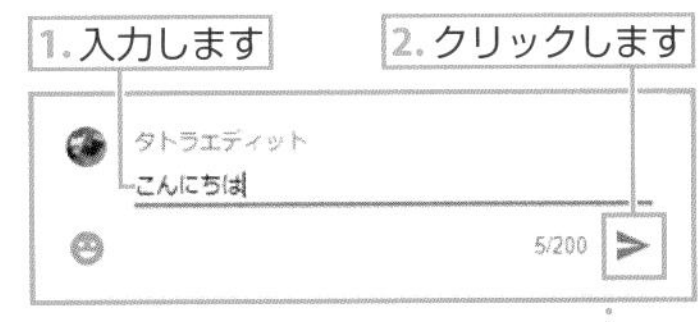

4 チャット欄を確認する

チャット欄にコメントが投稿されました。

TIPS ▶▶▶

YouTube Musicを使ってみよう！

YouTube Musicは、無料で音楽を聴くことができるYouTubeの姉妹サービスです。国内外の幅広いアーティストの楽曲が登録されていて、インターネットにつながっていれば好きなだけ音楽を楽しむことができます。

▶アーティストを検索して曲を再生する

再生チャートや新曲などのプレイリストがトップページに用意されています。ここから流行の曲を聴くことができるほか、検索機能を用いて自分の好きなアーティストの楽曲を検索して再生できるようになっています。

1 YouTubeのサイトを開き、右上のメニューアイコンをクリックして「YouTube Music」を選択します。

2 YouTube Musicのページが開きます。検索するには、画面上部の「検索」をクリックします。

3 入力欄が表示されるので、アーティスト名や曲名などを入力し、Enterキーを押します。

4 検索結果が表示されます。アーティスト名をクリックします。

5 該当するアーティストの楽曲が表示されます。曲名をクリックすると、音楽の再生が始まります。

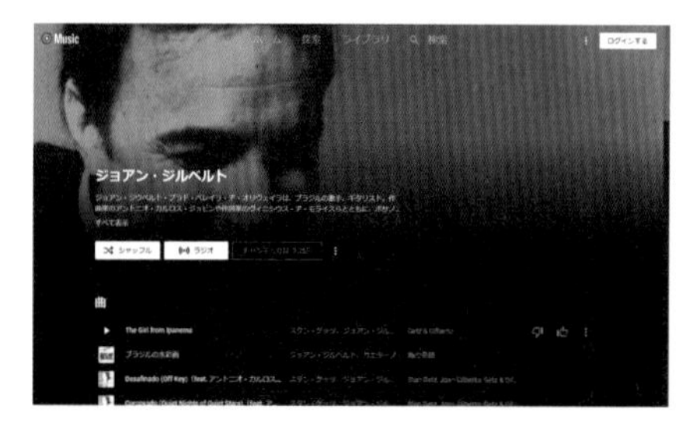

Part 5

動画のアップロードと加工

YouTubeは単に動画を観るだけのサービスではありません。自分で動画を撮影してアップロードし、世界中の人たちに観てもらうことができるサービスです。ここでは動画の撮影・編集・アップロードの方法を紹介します。

Step 5-1

アップロードの前の準備

ここでは、まずアップロードするための動画を作成する準備と、アップロードの手順を簡単に紹介します。手順が多くて大変に感じるかもしれませんが、実際にやってみると意外に簡単です。

動画を作成する

まずはYouTubeにアップロードするための動画を作成し、パソコンに取り込みましょう。

1 動画を撮影する

YouTubeにアップロードする動画を撮影します。動画機能が付いているものであれば、ビデオカメラ、デジカメ、スマートフォンなどなんでもかまいません。ただし初期状態では動画の再生時間は15分、ファイルサイズは2GBまでという制限があります。この制限はアカウントの確認を行うことで解除されます（詳しくは150ページを参照）。

デジカメ

ビデオカメラ

スマートフォン

動画撮影機能がついているものなら、ほぼなんでもOK

YouTubeが対応している動画フォーマット

YouTubeは現在一般的に使われている動画ファイルの形式であれば、ほとんどのフォーマットに対応しています。万一アップロードができなかった場合は動画編集ソフトなどで、MPEG4、AVI、WMV、FLVなどに変換する必要があります。

2 動画をパソコンに取り込む

ビデオカメラやデジカメで撮影した動画データを、USBケーブルやSDカード等を経由してパソコンに取り込みます。接続方法については、各機材のマニュアルを参照してください。

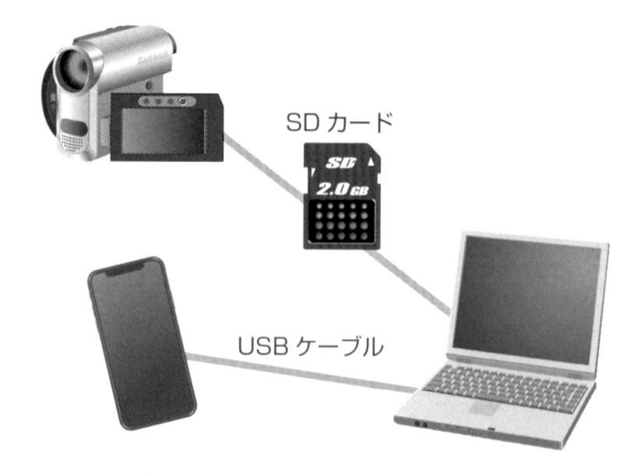

スマートフォンからアップロードする

スマートフォンのカメラで撮影した動画は、一度パソコンに取り込む方法以外にも、スマートフォン用YouTubeアプリを使って、そのままアップロードすることもできます。詳しくはPart2で解説しています。

Part5

3 動画を編集する

取り込んだ動画が長すぎる場合や、複数の動画を一本に編集したい場合は、パソコンの動画ソフトを使って動画を編集します。動画編集ソフトには、Windows10用の「Microsoftフォト」やMac用の「iMovie」などがあります。
なお、アップロード後にYouTubeの編集機能を使って編集することもできるので、編集ソフトを持っていない場合はそのままでかまいません。

Windows 10「Microsoftフォト」
https://www.microsoft.com/store/productId/9WZDNCRFJBH4

macOS「iMovie」
https://www.apple.com/jp/mac/imovie/

編集ソフトからYouTubeに直接アップロードできる

動画編集ソフトには、作成した動画を直接YouTubeにアップロードする機能を持っているものがあります。この機能を使えば、ブラウザでYouTubeにアクセスしなくともソフトだけで動画の作成とアップロードを完結させることが可能です。

Step 5-2

動画をアップロードする

動画の準備ができたらさっそくYouTubeにアップロードしましょう。アップロードには少し時間がかかるので、その間に動画のタイトルや説明文など各種情報を入力することができます。

▶ 動画をアップロードして情報を入力する

デジカメなどで撮影してPCに取り込んだ動画ファイルをアップロードし、各種情報を入力してみましょう。

1 「動画をアップロード」をクリックする

YouTube にログインした状態で画面右上にある「作成」アイコンをクリックした後、「動画をアップロード」をクリックすると、アップロード画面になります。「ファイルを選択」ボタンをクリックするとファイルダイアログが開くので、アップロードしたい動画ファイルを選択して、「開く」ボタンをクリックします。

Zoom 複数のファイルをアップロードする

動画ファイルは複数選択することで、まとめてアップロードすることができます。

Zoom アップロードはドラッグ＆ドロップでもできる

ファイルダイアログから選ばなくても、アップロードページに動画ファイルをドラッグ＆ドロップするだけでアップロード可能です。

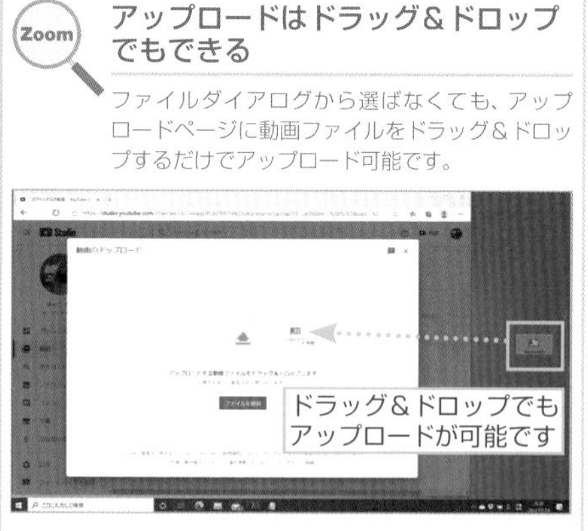

2 アップロードされた動画の「詳細」を設定する

指定した動画のアップロードが始まります。しばらく時間がかかるので、そのあいだに情報欄の入力をしておきましょう。ただし、全項目を入力する必要はありません。もちろん、あとから追加や編集も可能です。設定が完了したら、「次へ」ボタンをクリックします。

情報欄に記入します

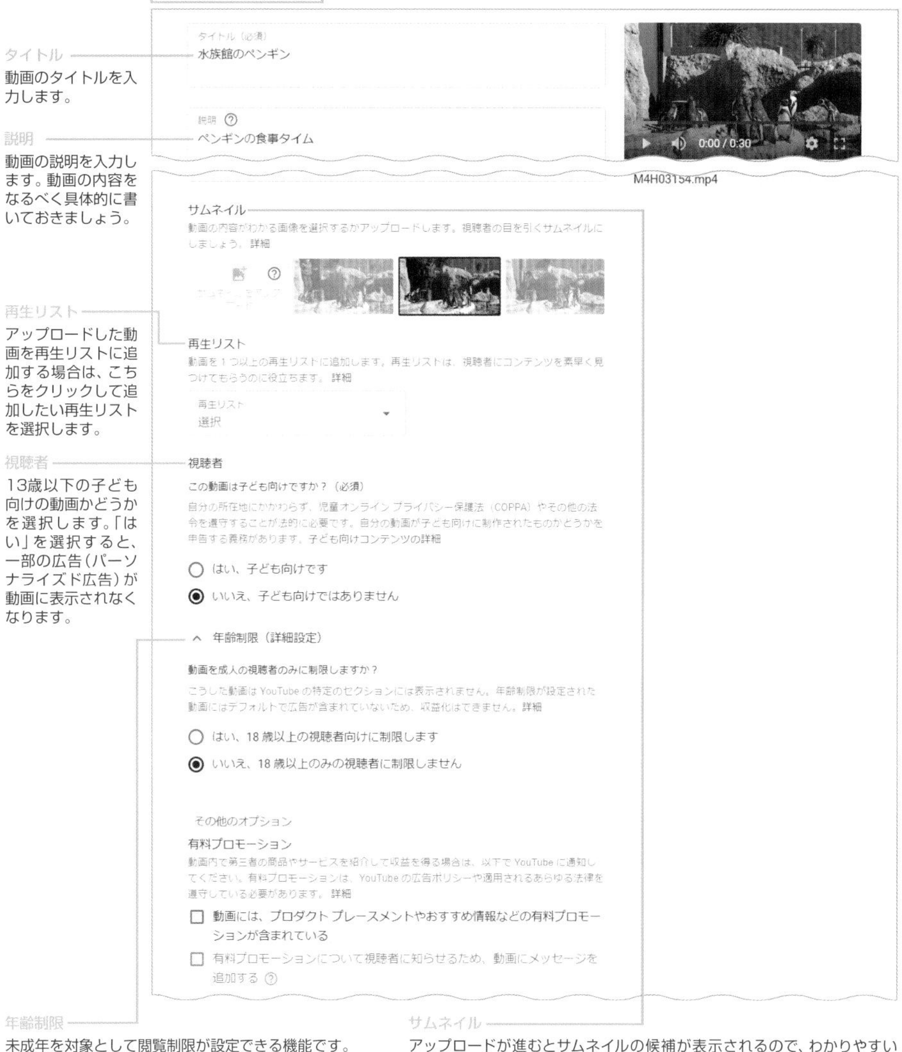

タイトル
動画のタイトルを入力します。

説明
動画の説明を入力します。動画の内容をなるべく具体的に書いておきましょう。

再生リスト
アップロードした動画を再生リストに追加する場合は、こちらをクリックして追加したい再生リストを選択します。

視聴者
13歳以下の子ども向けの動画かどうかを選択します。「はい」を選択すると、一部の広告（パーソナライズド広告）が動画に表示されなくなります。

年齢制限
未成年を対象として閲覧制限が設定できる機能です。

年齢制限（詳細設定）
動画を成人の視聴者のみに制限しますか？
こうした動画は YouTube の特定のセクションには表示されません。年齢制限が設定された動画にはデフォルトで広告が含まれていないため、収益化はできません。詳細
はい、18 歳以上の視聴者向けに制限します
いいえ、18 歳以上のみの視聴者に制限しません

サムネイル
アップロードが進むとサムネイルの候補が表示されるので、わかりやすいものを選択します。ファイルをアップロードして指定することもできます。

サムネイル
動画の内容がわかる画像を選択するかアップロードします。視聴者の目を引くサムネイルにしましょう。詳細

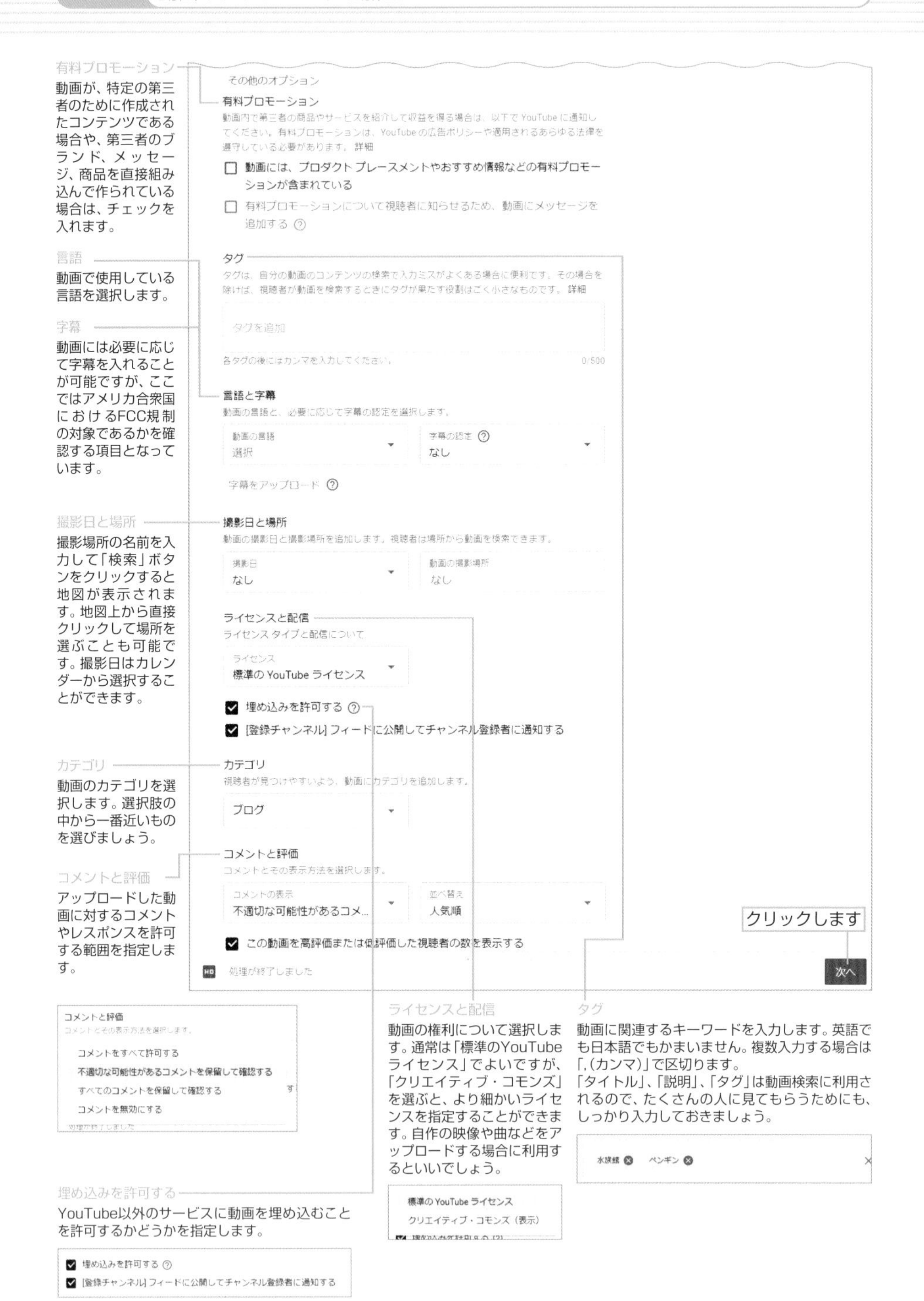
有料プロモーション
動画が、特定の第三者のために作成されたコンテンツである場合や、第三者のブランド、メッセージ、商品を直接組み込んで作られている場合は、チェックを入れます。
言語
動画で使用している言語を選択します。
字幕
動画には必要に応じて字幕を入れることが可能ですが、ここではアメリカ合衆国におけるFCC規制の対象であるかを確認する項目となっています。
撮影日と場所
撮影場所の名前を入力して「検索」ボタンをクリックすると地図が表示されます。地図上から直接クリックして場所を選ぶことも可能です。撮影日はカレンダーから選択することができます。
カテゴリ
動画のカテゴリを選択します。選択肢の中から一番近いものを選びましょう。
コメントと評価
アップロードした動画に対するコメントやレスポンスを許可する範囲を指定します。
その他のオプション
有料プロモーション
動画内で第三者の商品やサービスを紹介して収益を得る場合は、以下で YouTube に通知してください。有料プロモーションは、YouTube の広告ポリシーや適用されるあらゆる法律を遵守している必要があります。詳細
動画には、プロダクト プレースメントやおすすめ情報などの有料プロモーションが含まれている
有料プロモーションについて視聴者に知らせるため、動画にメッセージを追加する
タグ
タグは、自分の動画のコンテンツの検索で入力ミスがよくある場合に便利です。その場合を除けば、視聴者が動画を検索するときにタグが果たす役割はごく小さなものです。詳細
タグを追加
各タグの後にはカンマを入力してください。
0/500
言語と字幕
動画の言語と、必要に応じて字幕の認定を選択します。
動画の言語
選択
字幕の認定
なし
字幕をアップロード
撮影日と場所
動画の撮影日と撮影場所を追加します。視聴者は場所から動画を検索できます。
撮影日
なし
動画の撮影場所
なし
ライセンスと配信
ライセンスタイプと配信について
ライセンス
標準の YouTube ライセンス
埋め込みを許可する
[登録チャンネル] フィードに公開してチャンネル登録者に通知する
カテゴリ
視聴者が見つけやすいよう、動画にカテゴリを追加します。
ブログ
コメントと評価
コメントとその表示方法を選択します。
コメントの表示
不適切な可能性があるコメ...
並べ替え
人気順
この動画を高評価または低評価した視聴者の数を表示する
処理が終了しました
クリックします
次へ
ライセンスと配信
動画の権利について選択します。通常は「標準のYouTubeライセンス」でよいですが、「クリエイティブ・コモンズ」を選ぶと、より細かいライセンスを指定することができます。自作の映像や曲などをアップロードする場合に利用するといいでしょう。
タグ
動画に関連するキーワードを入力します。英語でも日本語でもかまいません。複数入力する場合は「,(カンマ)」で区切ります。
「タイトル」、「説明」、「タグ」は動画検索に利用されるので、たくさんの人に見てもらうためにも、しっかり入力しておきましょう。
コメントと評価
コメントとその表示方法を選択します。
コメントをすべて許可する
不適切な可能性があるコメントを保留して確認する
すべてのコメントを保留して確認する
コメントを無効にする
水族館
ペンギン
標準の YouTube ライセンス
クリエイティブ・コモンズ（表示）
埋め込みを許可する
YouTube以外のサービスに動画を埋め込むことを許可するかどうかを指定します。
埋め込みを許可する
[登録チャンネル] フィードに公開してチャンネル登録者に通知する

3 「動画の要素」を設定する

情報を設定後、「動画の要素」を指定する画面が開きます。「次へ」ボタンをクリックします。

4 「公開」ボタンをクリックして公開する

「公開」を選択すると、右下の「保存」ボタンが「公開」ボタンに変わります。「公開」ボタンをクリックします。

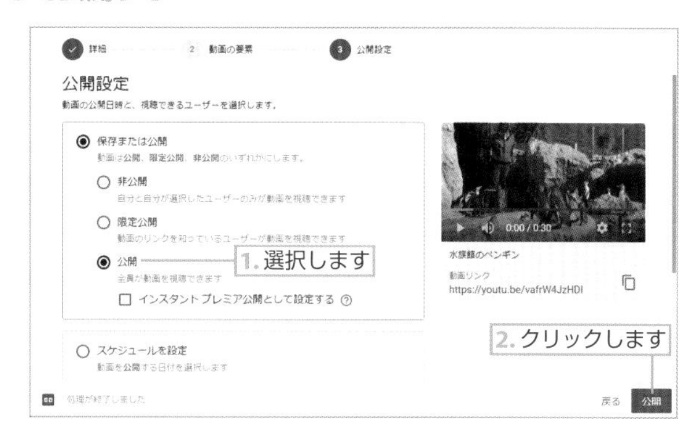

5 動画が公開される

動画が公開されました。動画のURLとSNSのボタンが表示されます。サムネイルをクリックして動画を再生してみましょう。

アップロードをSNSで共有する

SNSボタンから、新しい動画のリンクの投稿をすることができます。

6 動画を確認する

動画を再生します。自分が投稿した動画の下には、「動画の編集」ボタンが表示されます。ここから、動画編集画面へ簡単にアクセスできます。

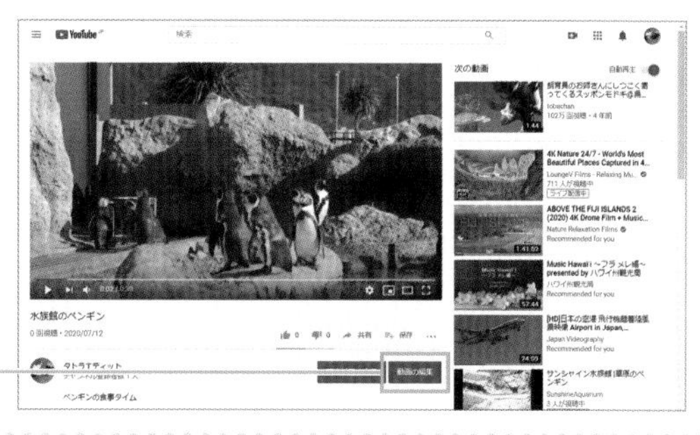

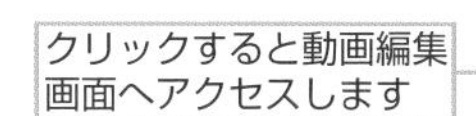

Step 5-3

投稿した動画の確認と情報の編集

YouTubeには、「YouTube Studio」という、動画の情報編集や管理のための機能が用意されています。YouTube Studioを利用することで、内容の解説や、編集ができるようになっています。

▶ 投稿した動画を確認する

投稿したすべての動画は、公開・非公開に関係なく「このチャンネルの動画」画面で確認できます。

1 「YouTube Studio」を開く

画面右上のチャンネルアイコンをクリックし、表示されたメニューから「YouTube Studio」をクリックします。

2 投稿動画の一覧をチェックする

左側のメニューの「動画」をクリックすると、いままでにアップロードした動画のリストが表示されます。初期状態ではアップロードした日付の新しいものから順に並びます。
「視聴回数」をクリックすると、視聴回数が多いものから順に並べ替えることができます。

▶ 動画の情報を編集する

タイトルや説明文などの情報はあとからいつでも変更することができます。

1 動画を選んで編集する

「このチャンネルの動画」画面（前ページ参照）で、投稿動画一覧の中から情報を編集したい動画のサムネイルをクリックします。

2 情報を編集する

詳細が表示されるので、任意の場所の編集を行いましょう。編集が終わったら、「保存」ボタンをクリックします。

Step 5-4

投稿した動画を削除する／非公開設定にする

投稿した動画はいつでも削除することができます。ただし、一度削除するとYouTubeから完全になくなってしまいますので、「再編集する間だけ公開したくない」という動画は、「非公開設定」にしましょう。

動画を削除する

削除した動画はYouTubeのサーバからも完全に消去されます。再び掲載したい場合はアップロードし直す必要があります。

1 「YouTube Studio」を開く

YouTube にログインした状態で画面右上に表示されるチャンネルアイコンをクリックし、「YouTube Studio」をクリックします。

2 「このチャンネルの動画」で動画を「完全に削除」する

表示されるメニューの中から「動画」をクリックします。「このチャンネルの動画」画面に表示されるアップロードされた動画の中から、削除したい動画の左側にあるチェックボックスにチェックを入れ、「その他の操作」をクリックすると表示されるメニューから「完全に削除」を選択します。

3 確認画面が表示される

確認画面が表示されるのでチェックボックスにチェックを入れ、「完全に削除」をクリックします。なお、一度削除した動画を復活させることはできません。もう一度公開したいときはアップロードし直す必要があります。

複数選択も可能

複数の動画にチェックを入れて同時に削除することも可能です。

動画を非公開にする

動画を削除してしまうとその動画はYouTubeのサーバからも完全に消えてしまうため、もう一度公開したいときはアップロードし直す必要がありますが、動画の公開範囲を「非公開」に変更すれば、サーバに動画を残したまま、外部からの閲覧ができなくなります。

Part5

1 「公開設定」の▼をクリックする

「このチャンネルの動画」画面（146ページ参照）で非公開にしたい動画にマウスカーソルを乗せて、「公開」の▼をクリックします。

2 「非公開」を選択する

表示されたメニューから「非公開」を選択し、「保存」をクリックします。

3 「非公開」に設定される

動画を「非公開」に設定できました。「このチャンネルの動画」画面で非公開と表示されているか確認しましょう。
非公開動画は、サーバに動画を残したまま、だれも見ることができないようになります。再び動画を公開したい場合は、前の手順で「公開」を選びましょう。

Zoom 限定公開

限定公開とは非公開動画の一種で、ムービーのリンク(URL)を知っている人のみ再生できます。特定の人だけに公開したいムービーに利用するとよいでしょう。共有リンクは、動画の⋮をクリックして、「共有可能なリンクを取得」で入手できます。

Step 5-5

15分を超える動画をアップロードする

通常、YouTubeにアップロードできる動画の制限時間の上限は15分ですが、設定により上限を引き上げることができます。

アップロードの上限を引き上げる

制限時間を超える長さの動画をアップロードするには、携帯電話を使った承認が必要です。

1 「設定」をクリックする

YouTubeにログインした状態で画面右上に表示されるチャンネルアイコンをクリックし、「設定」をクリックします。

2 「チャンネルのステータスと機能」をクリックする

設定画面が開きます。左側のメニューの「アカウント」をクリックし、画面中段にある「チャンネルのステータスと機能」をクリックします。

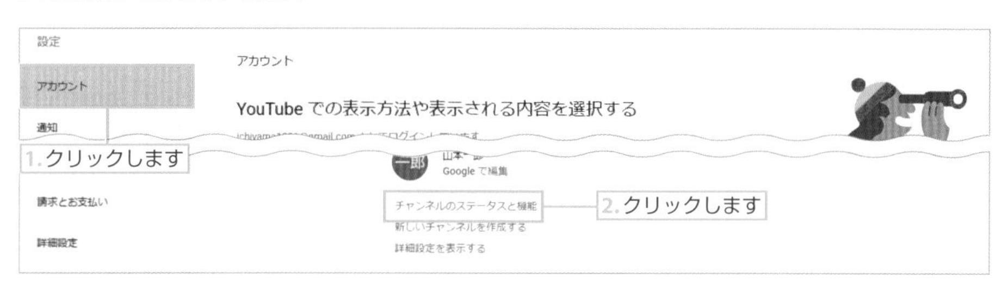

3 「機能の利用資格」タブをクリックする

設定画面が開きます。左側のメニューの「チャンネル」をクリックし、「機能の利用資格」タブをクリックします。

4 「電話番号の確認」をクリックする

「スマートフォンによる確認が必要な機能」の ∨ をクリックして、「電話番号の確認」をクリックします。

5 アカウントを確認する

画面の指示通りに進みます。アカウントがロボットでないかを確認するために「確認コード」を携帯電話で受け取り、入力する必要があります。自動音声メッセージか SMS のどちらかで確認コードを受け取り、入力すると制限時間を超える動画をアップロードできるようになります。

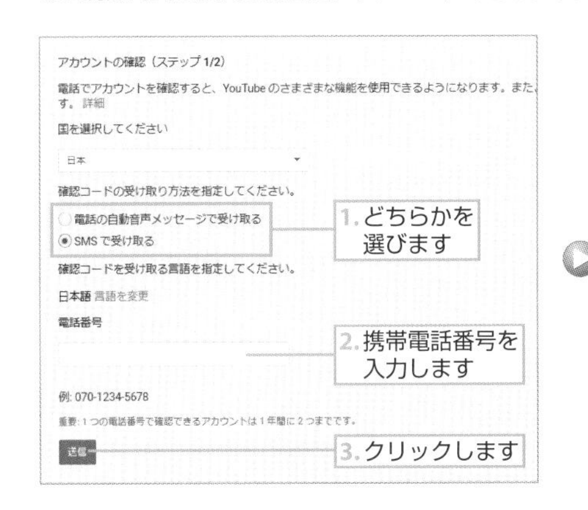

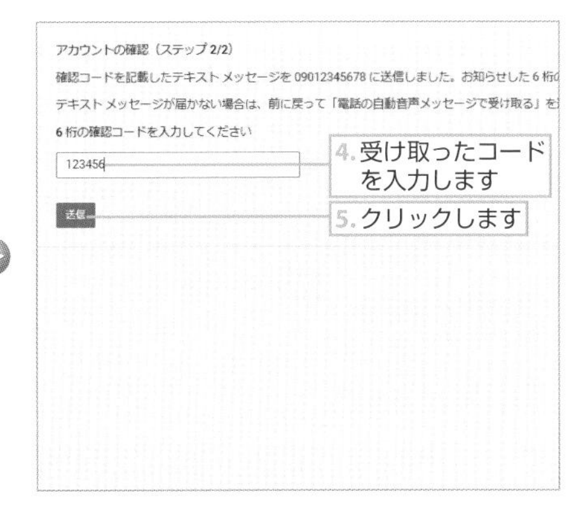

Step 5-6

「動画エディタ」を使って動画に効果を加える

「動画エディタ」を利用すると、アップロードした動画にBGMを追加したり、不要な部分をカットしたりといったことが簡単にできるようになります。また、加工した動画は別名で保存することも可能です。

「動画エディタ」を利用する

アップロードした動画は、ブラウザ上で編集することができます。YouTubeが提供している「動画エディタ」は、ほぼワンクリックで動画に様々な効果を加えることができる便利な動画編集ツールです。

加工後の画面をプレビューで見ることができるので、効果を確かめるのも簡単です。何度でもやり直しできるので、気に入った効果が得られるまで色々試してみましょう。

「動画エディタ」の画面構成

「動画エディタ」の画面は、以下のようになっています。画面の下部に配置されている各種効果を設定すると、すぐにその結果が上部の再生画面で確認できます。

「動画エディタ」の起動と保存

動画管理画面から加工したい動画を選び、「動画エディタ」を起動しましょう。

1 YouTube Studioを開く

YouTube にログインした状態で画面右上に表示されるチャンネルアイコンをクリックし、「YouTube Studio」をクリックします。

2 「動画」をクリックする

表示されるメニューの中から「動画」をクリックします。投稿した動画が一覧表示されます。加工したい動画のサムネイルをクリックします。

3 「エディタ」をクリックする

画面左側のメニューから「エディタ」をクリックします。「動画エディタ」が起動します。気に入った効果をクリックすることで、適用できます（効果の詳細は155ページ参照）。効果を取り消したいときは、画面右上の「変更を破棄」をクリックします。

4 名前を付けて保存する

編集が終わったら「保存」ボタンの右側の ⁝ をクリックし、「新たに保存し直す」をクリックします。新しいタイトルを入力し、公開設定を選択したら「新たに保存し直す」をクリックします。

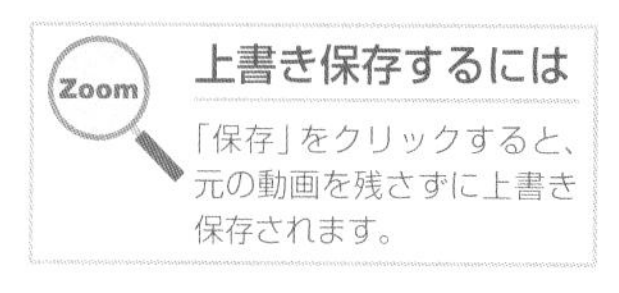

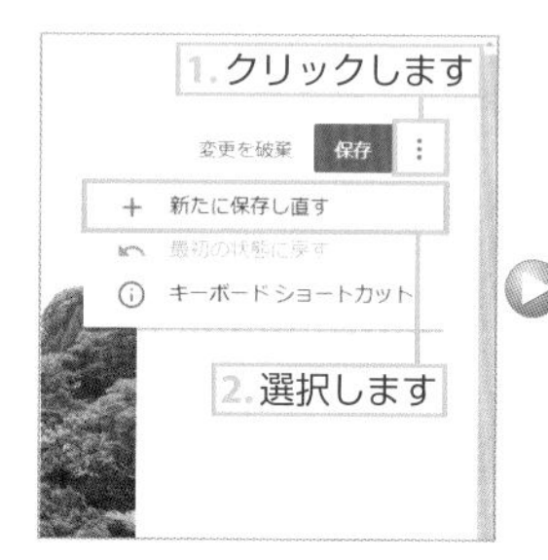

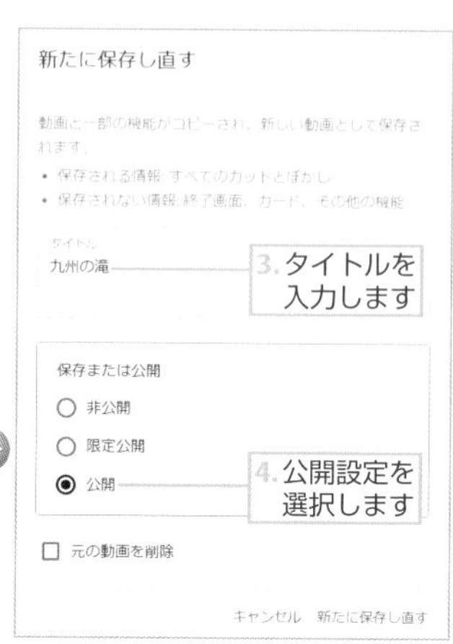

5 画像処理が行われる

動画の長さにもよりますが、しばらく時間がかかります。画像処理が終了すると自動的に新しい動画として公開されます。元の動画も残っているので必要がない場合は削除しておきましょう。アップロードが終わったら、サムネイルをクリックします。

処理が行われます

6 説明文等を修正する

説明文を修正できます。

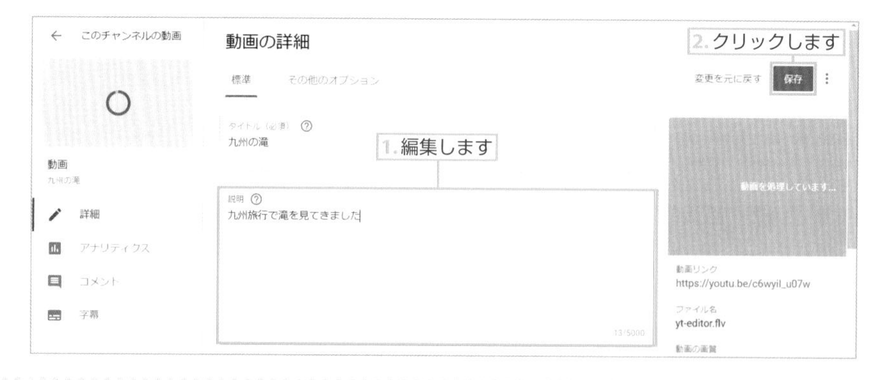

「動画エディタ」でできること

画面下部の効果パネルをクリックすることで、動画に様々な効果を加えることができます。

動画をカットする

再生画面の左下にある「カット」をクリックすると、エディタに青いボックスが表示されます。開始ポイントと終了ポイントを指定することで前後の余分な部分をカットすることができます。

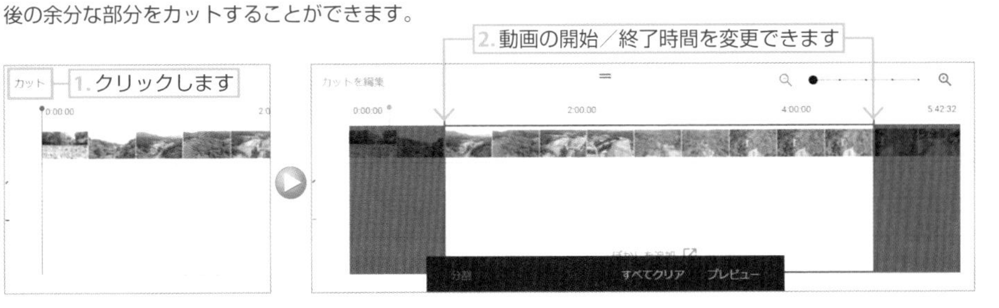

Step 5-7

「動画エディタ」で不要な部分をカットする

録画した動画をアップロードする際、動画の前後などに不要な部分があるときは、「動画エディタ」で取り除くことができます。

「動画エディタ」でカットする

「動画エディタ」は簡易編集ができるうえ、再度アップロードする手間が省けるので、編集ソフトを持っていないときや公開までに時間をかけたくない場合に便利です。

1 「YouTube Studio」をクリックする

画面右上のチャンネルアイコンをクリックし、「YouTube Studio」をクリックします。

2 動画を選択する

左側のメニューから「動画」を選択します。投稿した動画が一覧表示されます。カットしたい動画のサムネイルをクリックします。

3 「カット」をクリックする

左側のメニューから「エディタ」を選択し、再生画面の左下にある「カット」をクリックします。

4 灰色のバーをドラッグする

エディタに青いボックスが表示されました。灰色のバーをカットしたい部分の開始地点までドラッグします。

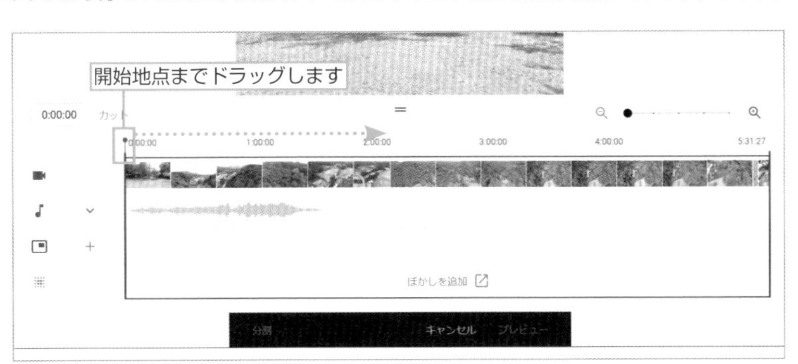

5 「分割」をクリックする

灰色のバーを開始地点まで移動できました。画面下部にある「分割」をクリックします。

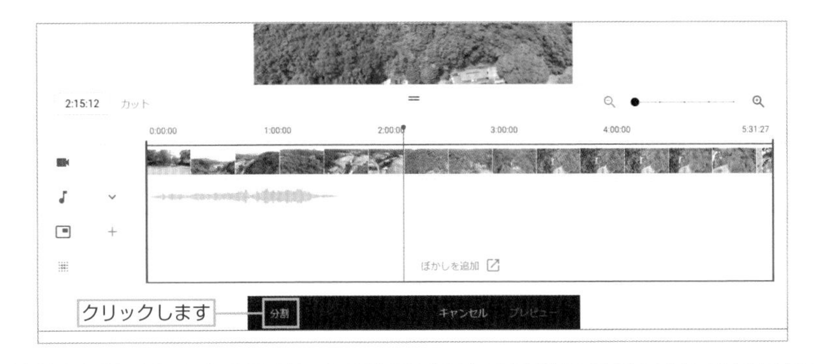

6 青いバーをドラッグする

表示された青いバーをカットしたい部分の終了地点までドラッグします。

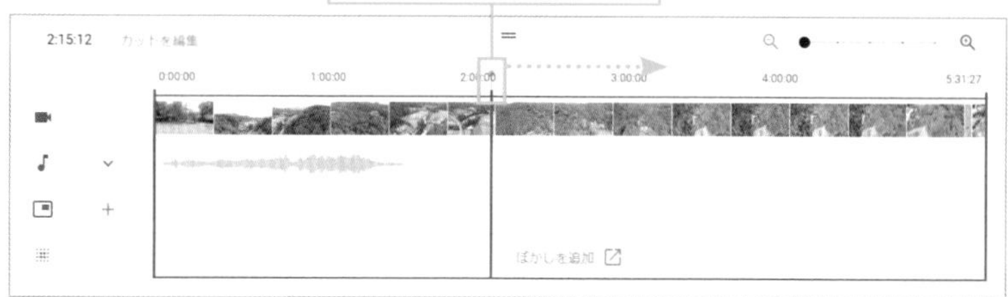

7 カット部分が灰色になる

カットしたい部分が選択され、灰色に変わりました。画面下部にある「プレビュー」をクリックします。

8 「新たに保存し直す」をクリックする

プレビューを確認したら、画面右上にある「保存」ボタン横の ⋮ をクリックし、「新たに保存し直す」をクリックします。

9 「新たに保存し直す」をクリックする

タイトルを入力して公開設定を選択したら、右下の「新たに保存し直す」をクリックします。

Step 5-8

「動画エディタ」で見せたくない部分にぼかしを追加する

画面内の一部分だけを見せたくないときには「ぼかしを追加」機能をつかって、視聴者に読み取れない映像に変えることができます。ぼかしは範囲を指定することができます。画面内に映りこんでしまった個人情報や人物、キャラクターなどを見せたくないときに便利です。

範囲を指定してぼかしを追加する

「動画エディタ」で追加できるぼかしは、範囲を指定することができます。動画に映り込んだ人の顔や、車のナンバーなど、限られた範囲の詳細を見せたくない場合に有効です。

1 「YouTube Studio」をクリックする

画面右上のチャンネルアイコンをクリックし、表示されたメニューの中の「YouTube Studio」をクリックします。

2 動画を選択する

左側のメニューの「動画」をクリックし、ぼかしを追加したい動画のサムネイルをクリックします。

3 「動画の一部をぼかす」をクリックする

左側のメニューの「エディタ」をクリックして「動画エディタ」を開き、画面下部にある「動画の一部をぼかす」をクリックします。

4 「カスタムぼかし」をクリックする

「カスタムぼかし」をクリックします。

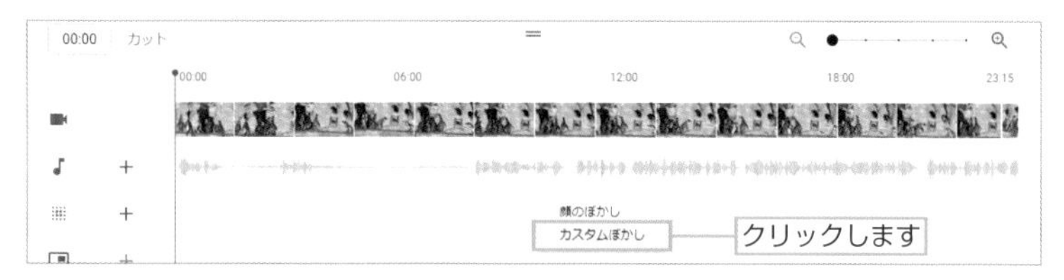

5 形と動作を選択する

「ぼかしの形」と「ぼかしの動作」（ここでは「長方形」「ぼかし対象の動きに合わせる」）を選択します。

6 ぼかしの範囲を指定する

ぼかしを追加したい場所で一時停止し、ぼかしをかけたい対象をドラッグして選択します。

7 時間を調整する

ぼかし欄にある青いバーの両端を左右にドラッグし長さを変更することで、ぼかしをかける開始地点と終了地点を変更できます。

8 オプションボタンをクリックする

ぼかしが追加されました。再生して問題がなければ、「保存」ボタンの右側にある⋮をクリックし、「新たに保存し直す」をクリックします。

9 「新たに保存し直す」をクリックする

タイトルを入力し、公開範囲を指定したら、右下の「新たに保存し直す」をクリックします。

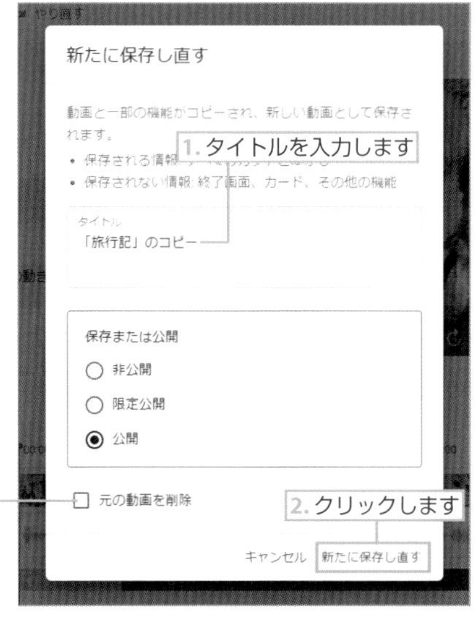

Step 5-9

動画にBGMを付ける

動画にあらかじめ用意された多数のフリー音源を使ってBGMを付けることができます。動画だけでは物足りないときに使ってみるといいでしょう。

音声を追加する

BGMを選んで追加しましょう。元々の動画の音声との比率を決めることができるので、元の音声も一緒に再生できます。

利用できる音楽は用意されたものだけ？

YouTubeの音声変更画面や動画編集ツールでは、あらかじめ用意されたBGMしか利用することができません。動画にオリジナルのBGMを使用したい場合は、YouTubeではなく別の動画編集ソフトを使用する必要があります。

1 「音声」を選択する

「動画エディタ」画面の下部にある♪横のアイコン＋をクリックします。

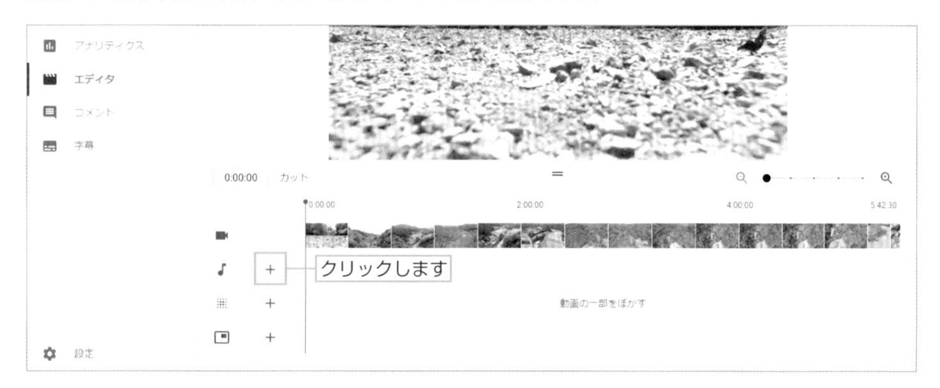

2 リストからBGMを選ぶ

BGM のリストが表示されます。
動画の再生時間に合わせて、適切な曲を選択して「追加」をクリックすると、元の音声に代わって BGM が再生されます。

3 BGMのバランスを変更する

「音声」に表示されている青いバーの右端にある「ミックスレベルを調整」をクリックし、ミックスレベルのバーを左側にスライドさせることで、元の音声とBGMをミックスすることができます。

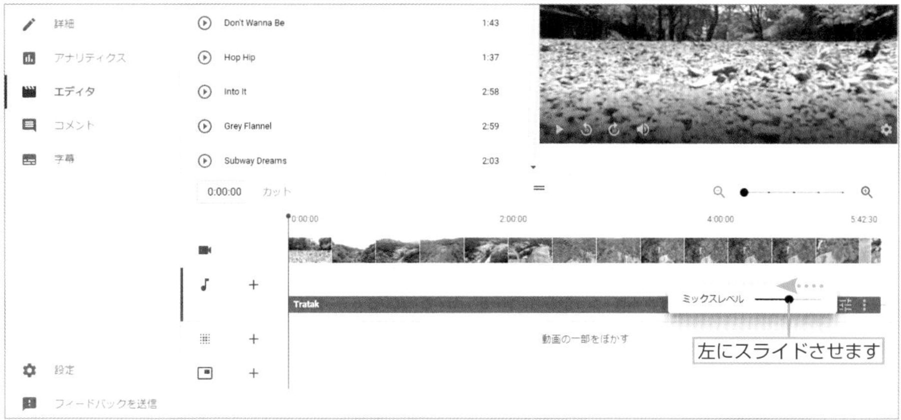

4 BGMの範囲を指定する

「音声」の青いバーをドラッグすると、BGMの開始ポイントと終了ポイントを指定できます。最後に、「保存」ボタンをクリックします。

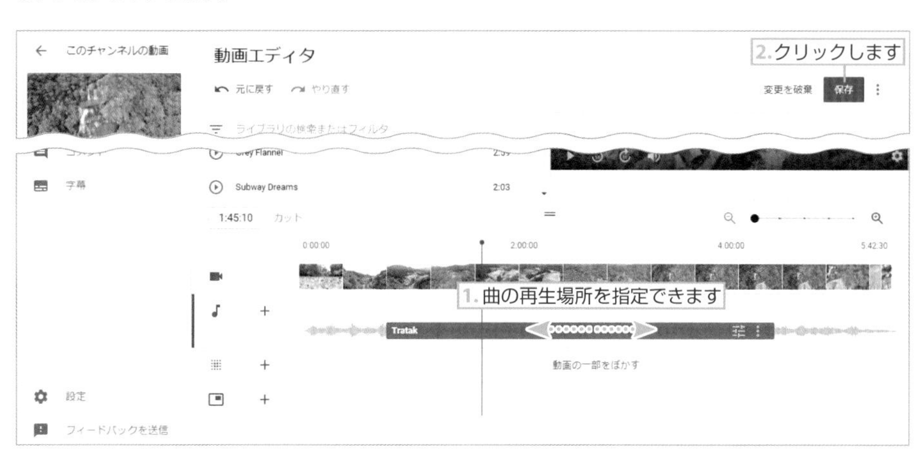

Zoom 曲を検索する

検索ウィンドウにキーワードを入力してBGMを検索できます。
ジャンル名などを入れて試してみましょう。

「オーディオライブラリ」でYouTubeで使える音楽を確認する

動画編集ソフトなどを使ってオリジナルの動画を作成する際に、自作以外の楽曲を使用すると著作権違反になる可能性があります。YouTubeの「オーディオライブラリ」には、自由にダウンロードして自分の動画に利用できる無料の音楽や効果音が多数用意されているので、動画に音楽を使用したい場合は、「オーディオライブラリ」からダウンロードして利用すると安心です。ダウンロードした効果音を動画に埋め込むには、Adobe Premiereなどの動画編集ソフトが必要となります。

1 「YouTube Studio」をクリック

画面右上のチャンネルアイコンをクリックし、表示されたメニューの中の「YouTube Studio」をクリックします。

2 音楽を探す

左メニューの「オーディオライブラリ」をクリックすると動画に使える無料の音楽を確認できる「オーディオライブラリ」が開くので、好きな音楽を探します。楽曲のジャンル、雰囲気、長さなどのフィルタを使って曲を絞り込むことができます。左側の「再生」ボタン⊙をクリックすると試聴できます。

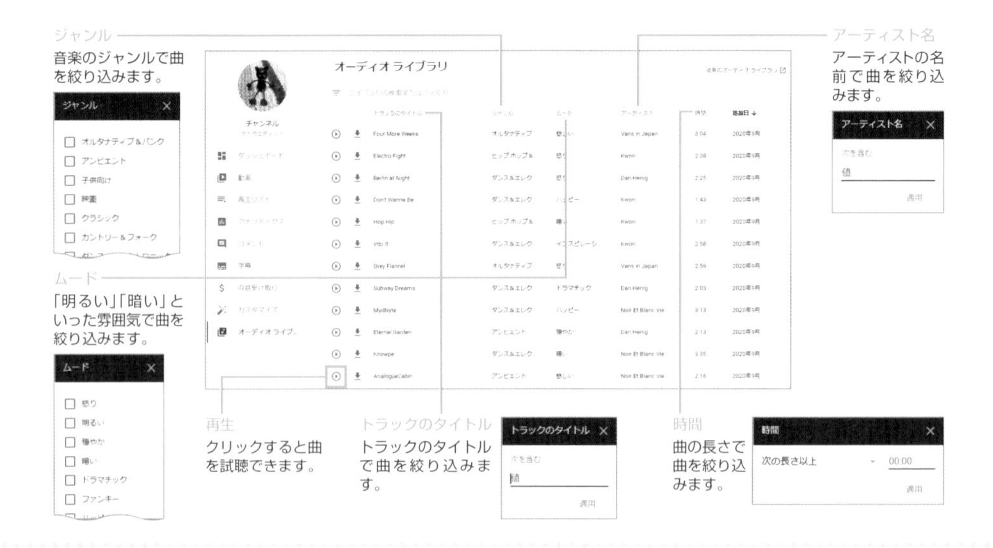

3 曲をダウンロードする

気に入った音楽を見つけたら、「再生」ボタンの右隣にある⬇をクリックします。パソコンに曲がダウンロードされます。

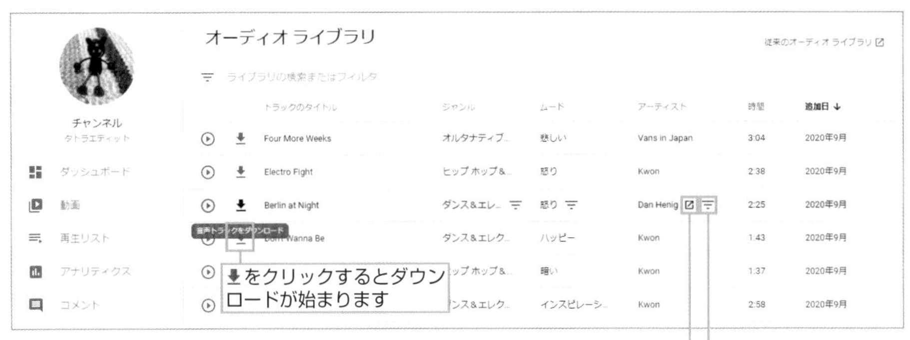

クリックすると、アーティストのチャンネルを表示します。

クリックすると、フィルタを使って曲を絞り込むことができます。

効果音を探す

画面右上の「従来のオーディオライブラリ」をクリックして従来のオーディオライブラリを開き、「効果音」タブをクリックすると、赤ちゃんの鳴き声や雷の音といった効果音をダウンロードできます。
ダウンロードした曲や効果音は、YouTubeの編集機能では追加できません。パソコンなどの動画編集ソフトに読み込んで使います。

再生
クリックすると曲を試聴できます。

Step 5-10

動画に「カード」を挿入する

「カード」とは、動画に関連するウェブページを表示するためのリンクを挿入する機能です。リンクは、Googleが承認したウェブサイトのみ指定でき、アフィリエイトリンクなどは指定できなくなっています。リンクのほかに、他の動画やチャンネルなども指定できます。

動画に表示できる「カード」とは

動画に表示されるⓘマーク（ティーザーと呼びます）をクリックするとカードが開きます。カードには様々な情報を表示させることができます。

動画にカードを挿入する

1 動画を選択する

ホーム画面右上のチャンネルアイコンから「YouTube Studio」を開き（146ページ参照）、左側のメニューから「動画」を選択します。カードを挿入したい動画のサムネイルをクリックします。

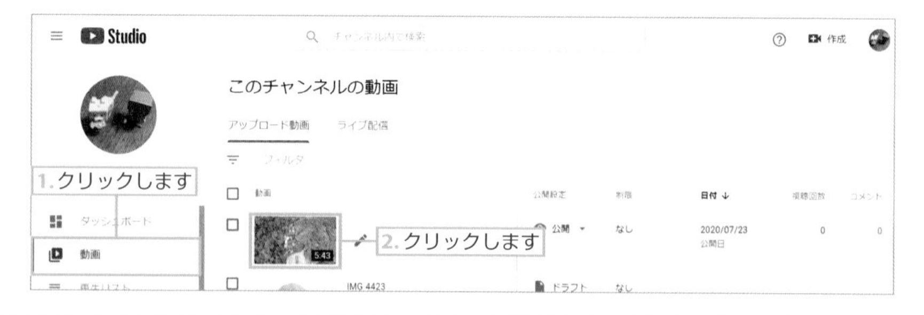

2 「カード」をクリックする

動画の詳細画面が開きます。画面右下の「カード」をクリックします。

3 「カード」の種類を選択する

カードの種類を選択します。ここでは、YouTubeの動画にリンクさせましょう。「動画」の+ボタンをクリックします。

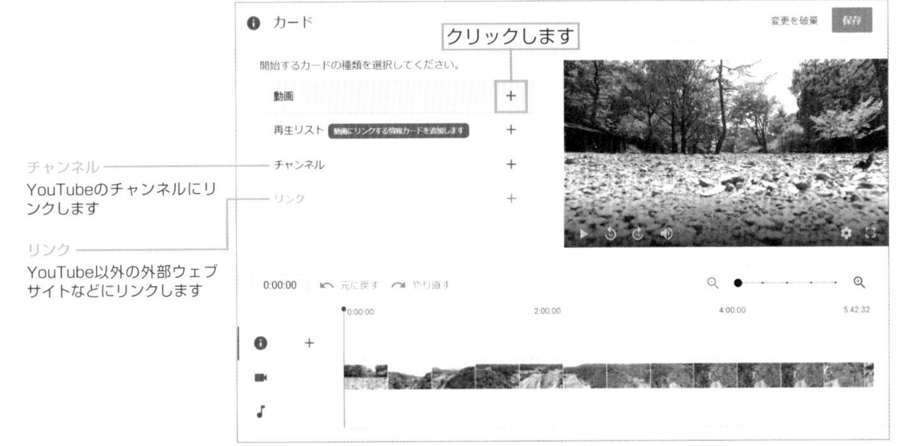

4 動画を選択する

カードを使ってリンクしたい動画を選択します。

5 「保存」をクリックする

画面右側のプレビュー画面でカードが追加されたことを確認し、右上の「保存」ボタンをクリックします。

6 カードが追加された

動画にカードが追加されました。クリックして正しくリンクされているかを確認しましょう。

カードが表示されるタイミングを変更する

画面下部に表示されるタイムライン上をドラッグすると、表示されるタイミングを変更できます。

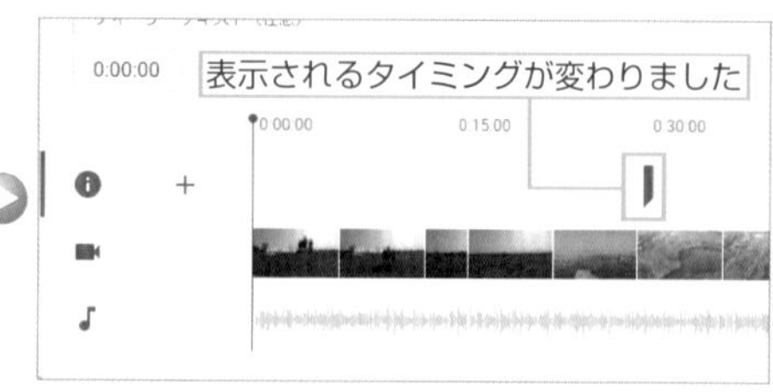

Step 5-11

動画に「終了画面」を挿入する

終了画面とは、YouTube動画の最後に映像に重ねて表示される、次の動画へのリンクやチャンネル登録アイコンのことです。終了画面を作っておくことで、自分のチャンネル内の別の動画に誘導したり、チャンネル登録者をしてもらうきっかけにすることができます。

終了画面に入れる項目を選択する

終了画面には、チャンネル登録のアイコンと動画のサムネイルを入れることができます。動画のサムネイルは、チャンネルに登録された新着動画や、おすすめの動画を自動で入れることができるようになっています。

1 「YouTube Studio」をクリックする

ホーム画面右上のチャンネルアイコンをクリックし、「YouTube Studio」をクリックします。

2 「動画」をクリックする

左側のメニューから「動画」を選択します。投稿した動画が一覧表示されます。終了画面を追加したい動画のサムネイルをクリックします。

3 「終了画面」をクリックする

画面右下にある「終了画面」をクリックします。

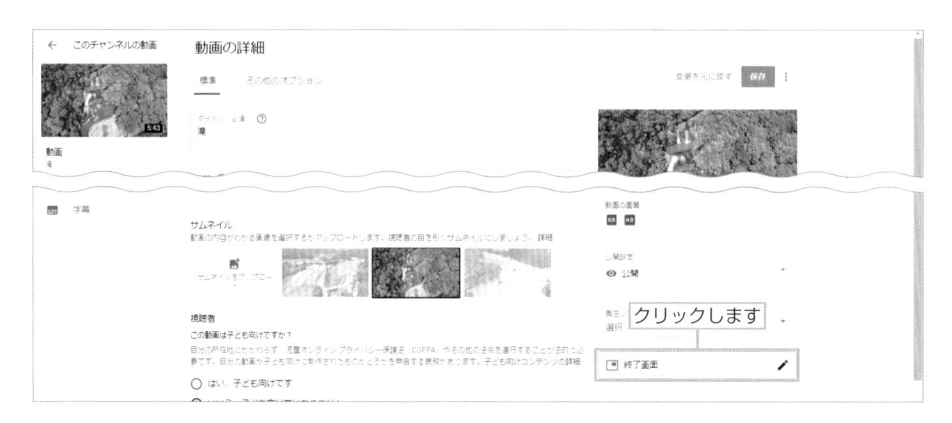

4 テンプレートまたは要素を選ぶ

画面左上の「+要素」をクリックし要素を選択するか、用意されているテンプレートから選びます。ここでは左上にある「1本の動画、1件のチャンネル登録」の組み合わせのテンプレートを選択します。

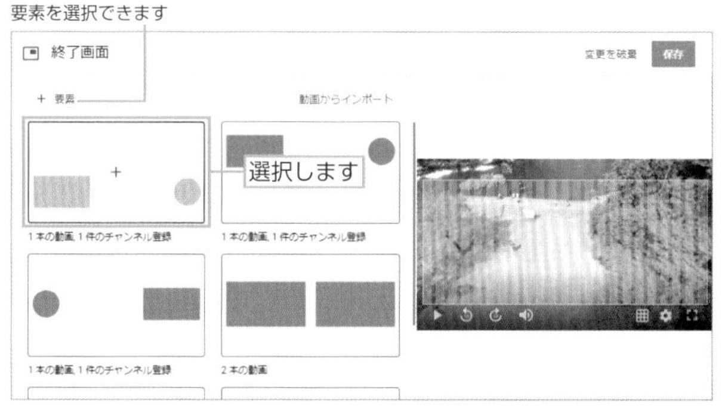

5 「特定の動画の選択」をクリックする

チャンネル登録が動画内の右下に追加されました。
左下の「動画：視聴者に適したコンテンツ」をクリックし、動画要素の中から「特定の動画の選択」をクリックします。
最後に、「保存」ボタンをクリックします。

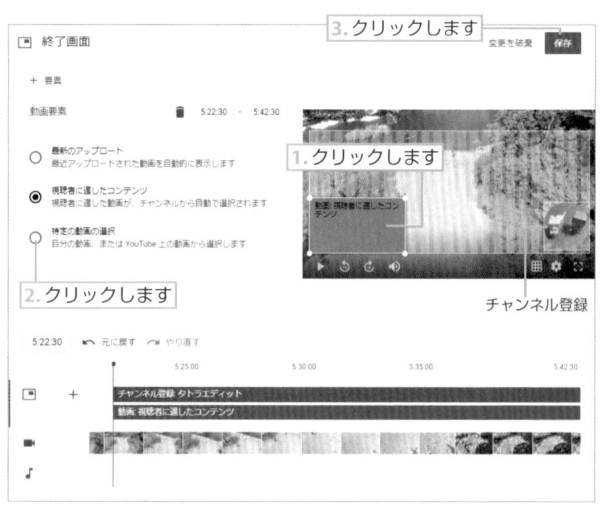

6 動画を選択する

一覧から動画を選択します。

7 動画が追加される

選択した動画が追加されました。

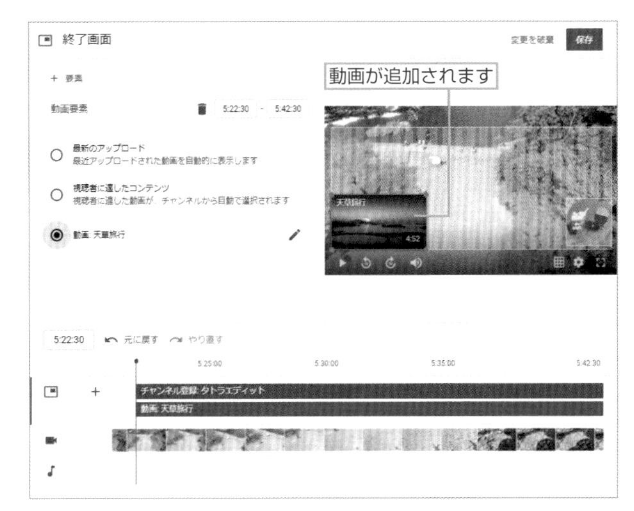

8 表示のタイミングを変更する

画面下部にあるバーをドラッグして、終了画面を表示させるタイミングを変更できます。

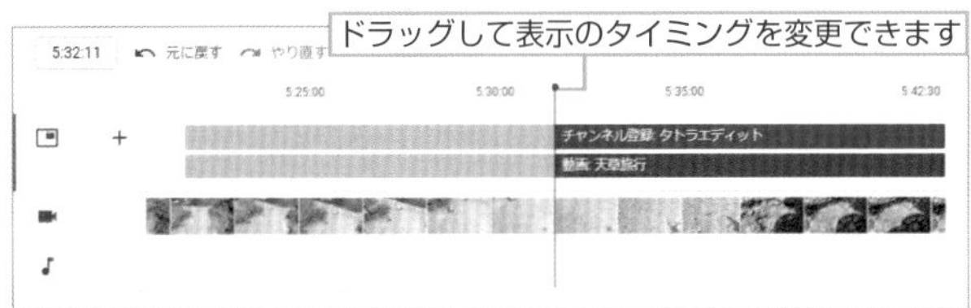

9 終了画面を確認する

動画を再生します。終了画面が追加されました。

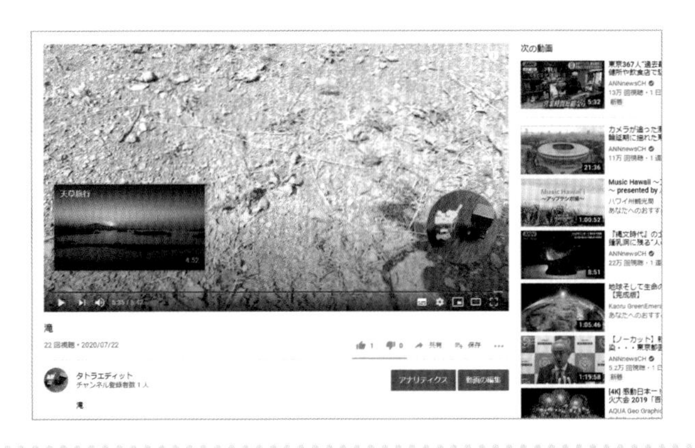

Step 5-12

動画に字幕を挿入する

動画には字幕（CC）を挿入することができます。字幕があると耳が不自由な人や、動画内の言語が母国語ではない人にも動画を楽しんでもらうことができます。

字幕を挿入する

動画に字幕を挿入しましょう。タイミングを指定することもできます。

1 動画を選択する

ホーム画面右上のチャンネルアイコンから「YouTube Studio」を開き（146ページ参照）、左側のメニューから「字幕」を選択します。字幕を挿入したい動画のサムネイルをクリックします。

言語を選択

字幕に利用する言語の設定が求められたら、日本語字幕を入れたい場合は「日本語」を選択し「確認」をクリックします。

2 「追加」をクリックする

デフォルトの字幕言語を設定します。「言語を設定」のプルダウンメニューから「日本語」を選択し、「確認」をクリックします。動画の字幕画面が開きます。「日本語」の右端にある「追加」をクリックします。

他の言語も選択できる

最初に選択した日本語以外にも、187の言語から選択できます。日本以外の人にも動画を観てもらいたいなら、英語や中国語、スペイン語といった字幕を用意しておくといいでしょう。

リトアニア語
リンガラ語
ルーマニア語
ルーマニア語
ルクセンブルク語
ルンディ語
ロシア語
ロシア語 (ラテン文字)

言語を追加

字幕に利用する言語を追加できます。「言語を追加」をクリックしたあと、言語を選択すると、一覧に言語が表示されるようになります。

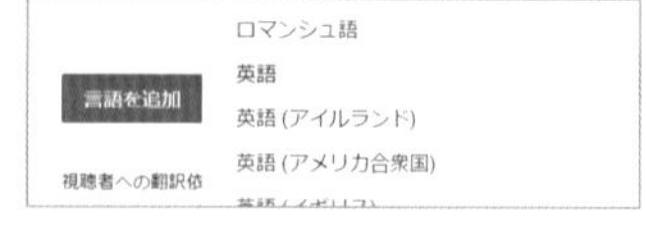

3 字幕作成の方法を選ぶ

字幕を作成する方法を３つの中から選択し、字幕を作成します。

ファイルをアップロード
字幕用に用意したテキストファイルをアップロードします。

自動同期
動画を再生しながら字幕を入力していきます。

手動で入力
字幕が表示されるタイミングを手動で指定しながら入力を行います。

4 字幕の完成

字幕の作成が終わったら、保存して公開しましょう。

Step 5-13

アップロード動画のデフォルト設定

同じような動画をアップロードする際に、毎回タイトルやタグなどを入力するのは面倒なものです。そんなときはアップロード動画のデフォルト設定を利用してみましょう。

アップロード動画のデフォルト設定とは

「アップロード動画のデフォルト設定」とは、動画を新規アップロードすると、自動的に動画のタイトルやカテゴリ、タグなどの情報が入力される機能です。

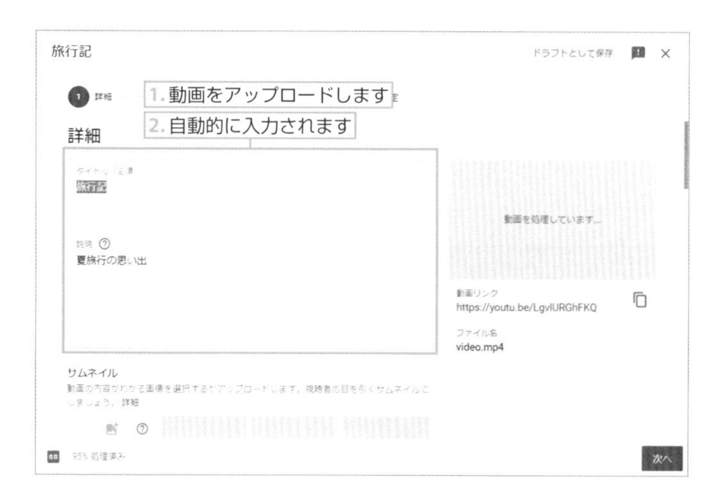

アップロードのデフォルト設定を行う

1 「YouTube Studio」を開く

YouTubeにログインした状態で画面右上のチャンネルアイコンをクリックし、「YouTube Studio」をクリックします。

2 設定画面を開く

左側のメニューの「設定」をクリックします。

3 デフォルト設定を行う

左側のメニューの「アップロード動画のデフォルト設定」をクリックします。「基本情報」と「詳細設定」にデフォルトの情報を入力して、「保存」ボタンをクリックします。

動画の言語
動画で使用している言語を選択します。

ライセンス
動画のライセンスを「標準のYouTubeライセンス」「クリエイティブ・コモンズ」から選択できます。

クリエイティブ・コモンズの制限

ライセンスで「クリエイティブ・コモンズ」を選択すると、収益プログラムに参加することができなくなります。

動画のタイトルを工夫する

「アップロードのデフォルト設定」で動画のタイトルを設定すると、すべての動画が同じタイトルになってしまいます。タイトルに番号を付け加える（例：「指定したタイトル」その1）、タイトルの前後に日付を入れる（例：「指定したタイトル」2018/4/1）などの工夫をするといいでしょう。

4 動画を投稿して確認する

新規動画をアップロードします。あらかじめ「タイトル」「説明」が入力されていることを確認します。

5 動画の投稿の手間が省略された

デフォルト設定を使うと投稿の度に設定する必要がないので、投稿の手間が省けます。

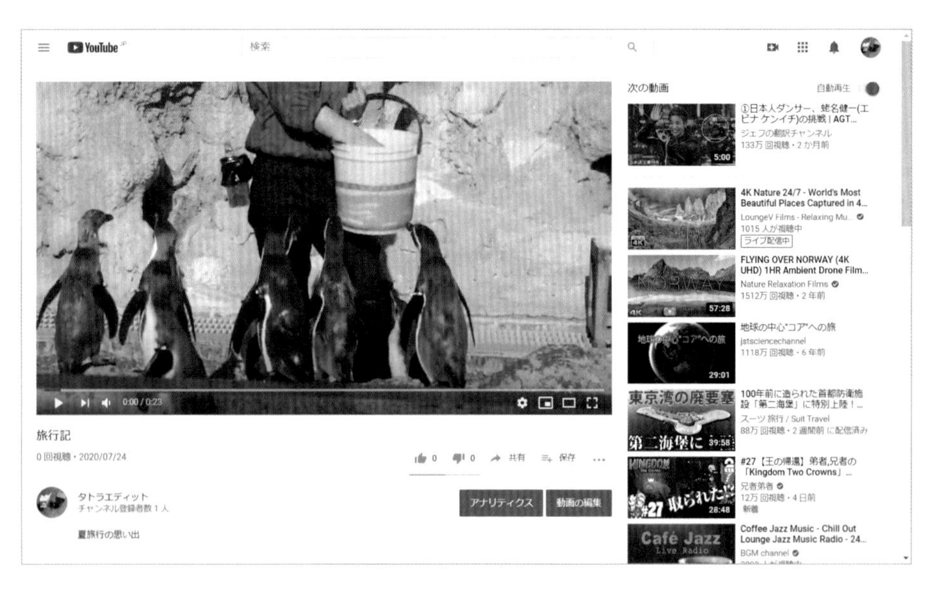

Part 6

動画のライブ配信

視聴者への配信には、動画のアップロードに加えて、ライブ配信という方法があります。ライブ配信は、今目の前で起こっていることをリアルタイムに伝えられます。ウェブカメラを使ってトークを配信したり、ゲームの実況を行ったりするのに適しています。

Step 6-1

ウェブカメラを使って配信する

パソコンに接続されている外付けのウェブカメラやノートパソコンに内蔵されているカメラを使って、ライブ配信することができます。ここで紹介するライブ配信は、YouTubeのウェブアプリケーションの機能を使うため、他の配信ソフトは不要です。

YouTubeのライブ配信機能を使う

ライブ配信を始めるには、画面左上に表示されている「作成」アイコンをクリックします。ライブ配信は、YouTubeとYouTube Studioのどちらからでも同じ操作で開始できます。

1 「ライブ配信を開始」をクリックする

画面上部にある「作成」アイコンをクリックし、「ライブ配信を開始」をクリックします。

2 「次へ」をクリックする

タイトルなどの情報を入力し、「次へ」ボタンをクリックします。

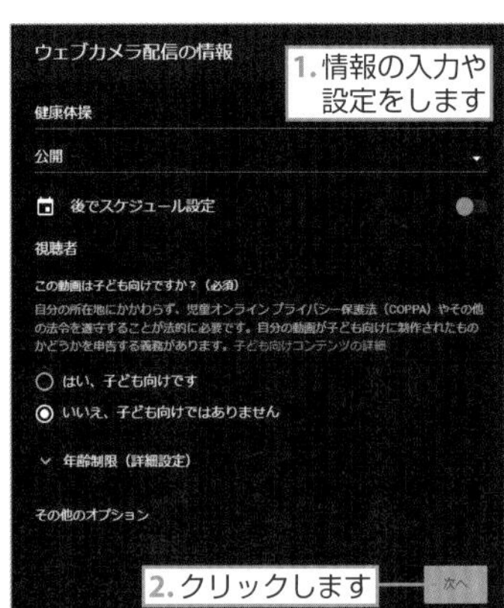

3 写真を撮る

サムネイル用の写真が撮影されます。

※画面はハメコミです

4 「ライブ配信を開始」をクリックする

ストリームのプレビュー画面が表示されます。右下の「ライブ配信を開始」ボタンをクリックします。

5「ライブ配信を終了」をクリックする

ライブ配信が開始されます。右側のチャット欄で視聴者とコミュニケーションを取ることができます。画面下部の「ライブ配信を終了」ボタンをクリックします。

6「終了」をクリックする

「終了」ボタンをクリックします。

7「閉じる」をクリックする

「閉じる」ボタンをクリックしてライブ配信を終了します。「STUDIOで編集」ボタンをクリックすると動画エディタが開き、ライブ配信した動画を編集して新しい動画として保存することができます。

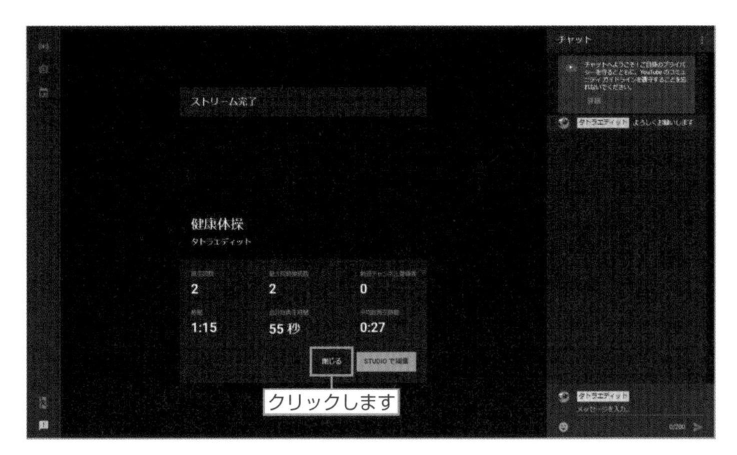

Step 6-2

 ライブ配信の情報を編集する

ライブ配信を行う際には、事前に動画のタイトルや内容の説明、年齢制限などの情報を入力しておく必要があります。

タイトルや説明などの情報を入力する

ライブ配信を行うにあたって、視聴者に配信の内容を知ってもらうための情報を事前に登録しておきます。より詳しく書き込んでおくことで、動画を見る前にどのような内容かがわかるようになり、視聴数のアップにつながります。

1 「ライブ配信を開始」をクリックする

画面上部にある「作成」アイコンをクリックして、「ライブ配信を開始」をクリックします。

2 ウェブカメラ配信の情報を入力する

タイトルや説明などの情報を入力します。

Step 6-3

OBSを使って エンコーダー配信を行う

ライブストリーミングを行うには、パソコンにエンコーダーソフトをインストールする必要があります。エンコーダーソフトとは、インターネットで動画を配信するために、画像や音声をリアルタイムに圧縮するソフトのことです。ここでは、「Open Broadcaster Software」というソフトを使用します。

OBSを導入する

パソコンに表示されている画面を配信の映像素材として利用したい場合は、「OBS(Open Broadcast Software)」を使います。OBSは、画面収録のほかにウェブカメラや外部映像入力などにも対応した配信や録画が行える無料ソフトです。まずは、インストールしてみましょう。

1 インストーラーをダウンロードする

Open Broadcaster Softwareの公式ページ「https://obsproject.com/」を開き、使用しているOSに応じたダウンロードボタンをクリックします。

2 インストール作業を実行する

任意の場所に保存したインストーラーをダブルクリックします。

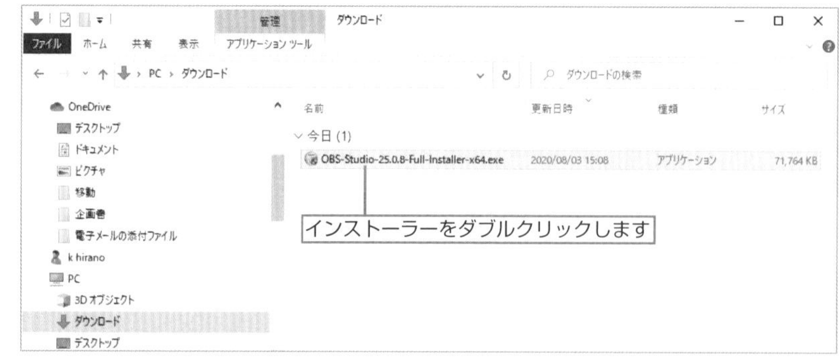

3 インストーラーが起動する

インストーラーが起動するので、「Next」ボタンをクリックします。

4 「Next」をクリックする

内容を確認して、「Next」ボタンをクリックします。

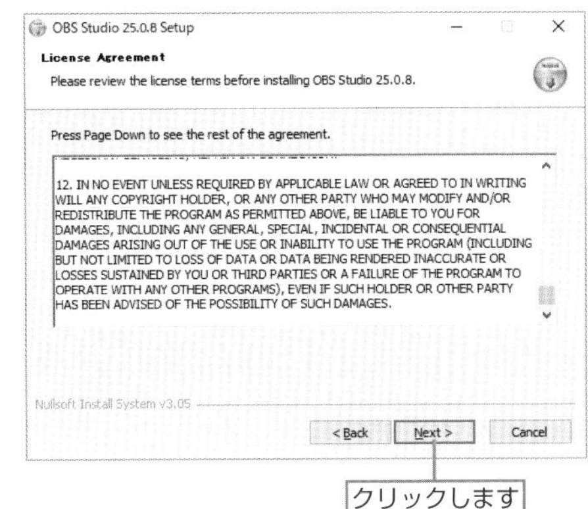

5 インストール先を指定する

インストール先を指定する画面です。通常は、そのまま「Install」ボタンをクリックします。
インストールする場所を変更する場合は、「Browse...」ボタンをクリックして指定します。

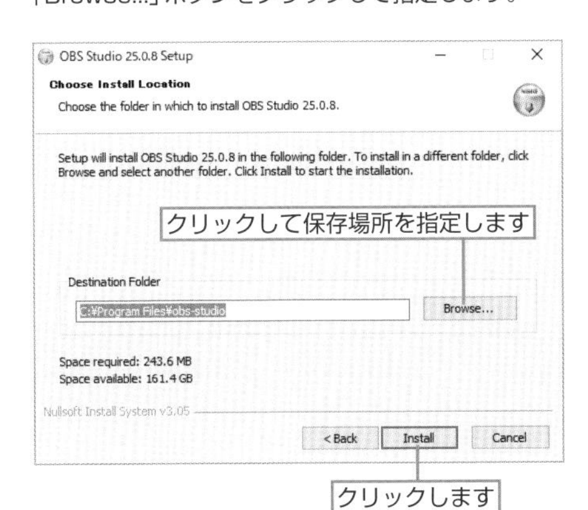

6 インストール完了

インストールが完了しました。「Finish」ボタンをクリックします。

Part 6

Step 6-4

デスクトップやアプリの画面をライブ配信する

OBSでの画面配信には、デスクトップ全体またはアプリ単体の画面を選んで配信できるようになります。ゲームの実況や、アプリの解説など、さまざまな用途での配信が可能になります。

デスクトップ画面全体を配信する

OBSを使って画面を配信するには、デスクトップ画面全体を映す方法と、アプリウィンドウのみを映す方法の2通りがあります。いずれの方法でも、最初にライブ配信の設定を行い、YouTubeのストリームキーを設定しておく必要があります。ストリームキーは、YouTube Studioのライブ配信の設定画面にある「ストリームキー」に表示されています。

1 「ライブ配信を開始」をクリックする

画面上部にある「作成」アイコンをクリックし、「ライブ配信を開始」をクリックします。

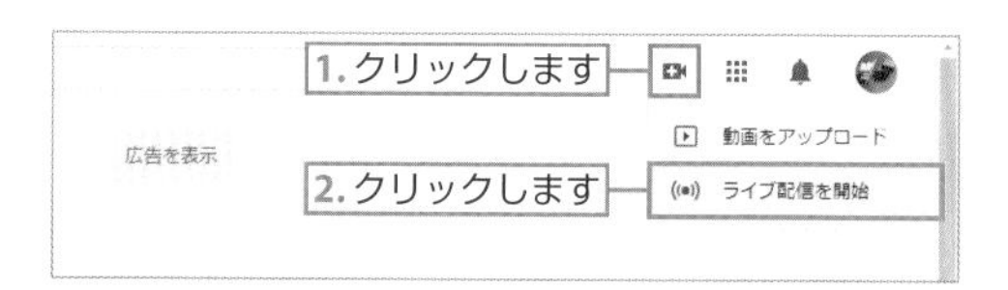

2 「エンコーダ配信」をクリックする

左側のメニューの「エンコーダ配信」をクリックします。
タイトルなどの情報を入力して、「保存」ボタンをクリックします。

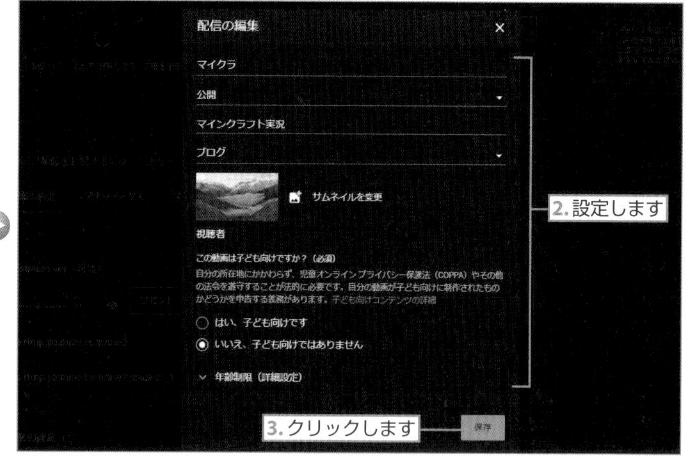

3 ストリームキーをコピーする

画面左の中段にある「ストリームキー」の「コピー」ボタンをクリックします。

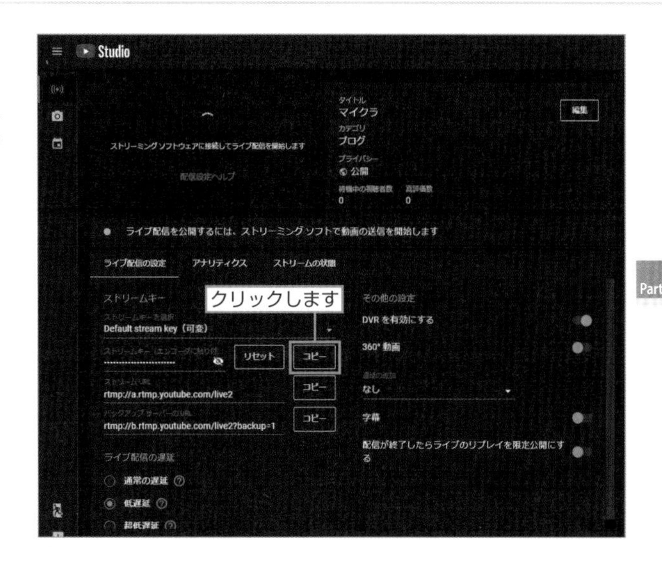

4 ソースを追加する

OBS Studioを起動します。画面左下にある「ソース」の＋ボタンをクリックして、一覧の中から「画面キャプチャ」を選択します。

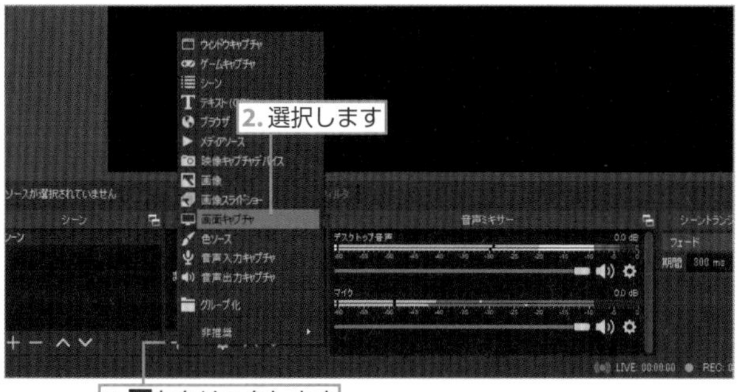

5 名前を入力する

任意の名前を入力して、「OK」ボタンをクリックします。

6 「OK」をクリックする

内容を確認して、「OK」ボタンをクリックします。

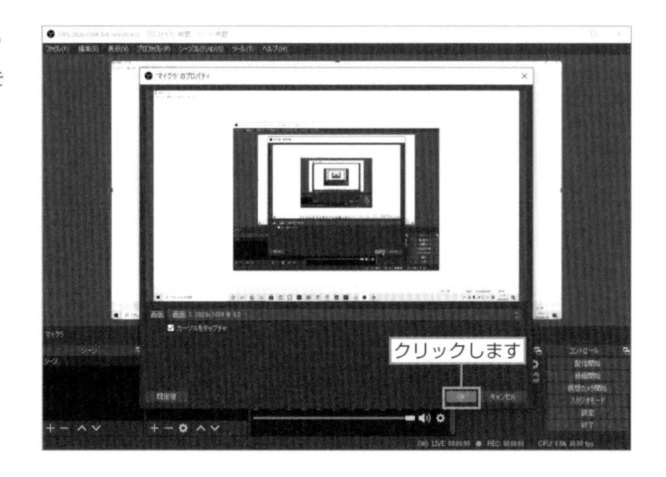

7 「設定」を選択する

「ファイル」メニューから「設定」を選択します。

8 ストリームキーを貼り付ける

左側のメニューにある「配信」をクリックします。
「サービス」を「YouTube / YouTube Gaming」、「サーバー」を「Primary YouTube ingest server」に設定して、手順3でコピーしたストリームキーを貼り付けて、「OK」ボタンをクリックします。

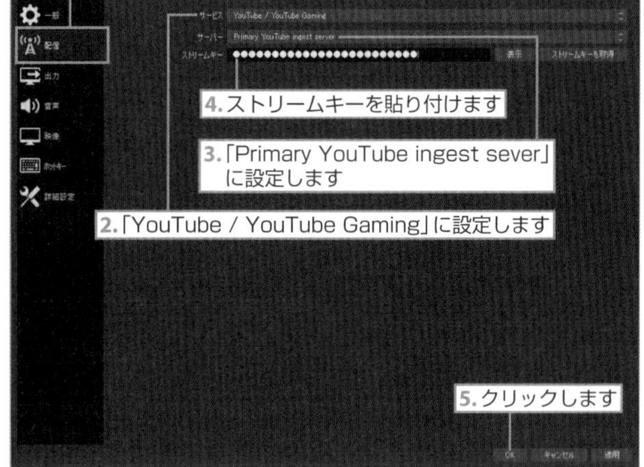

9 「配信開始」をクリックする

画面右下にある「配信開始」をクリックします。

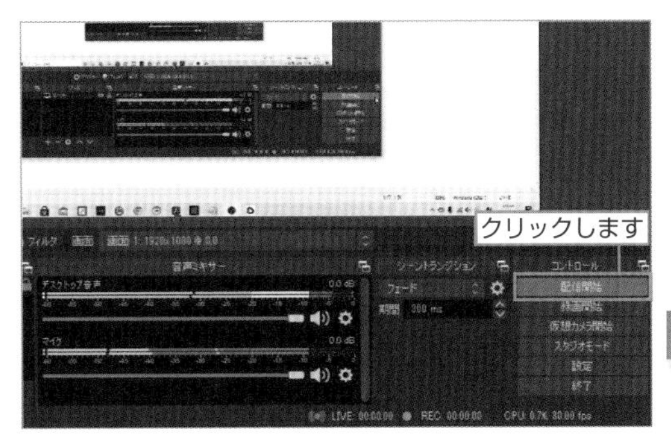

10 ライブ配信が開始される

YouTubeに戻ります。数秒待つとプレビュー画面にデスクトップ画面が表示され、ライブ配信が開始されます。配信を終了するときは、画面右上の「ライブ配信を終了」ボタンをクリックします。

11 「終了」をクリックする

「終了」ボタンをクリックします。

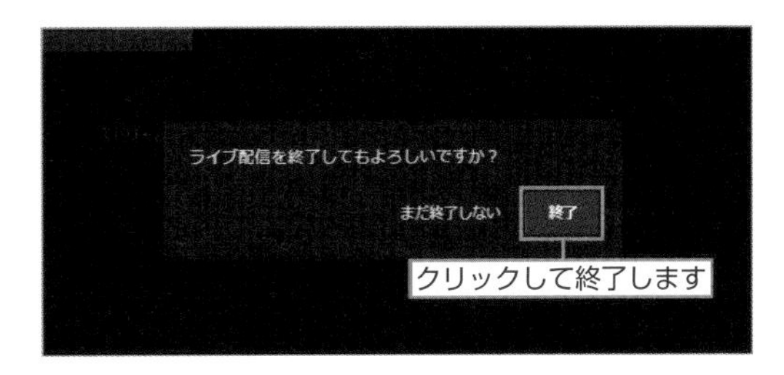

12 「閉じる」をクリックする

「閉じる」ボタンをクリックして、ライブ配信を終了します。「STUDIOで編集」ボタンをクリックすると、動画エディタが開き、ライブ配信した動画を編集して新しい動画として保存することができます。

13 「配信終了」をクリックする

OBS Studioに戻り、「配信終了」をクリックしてライブ配信を終了します。

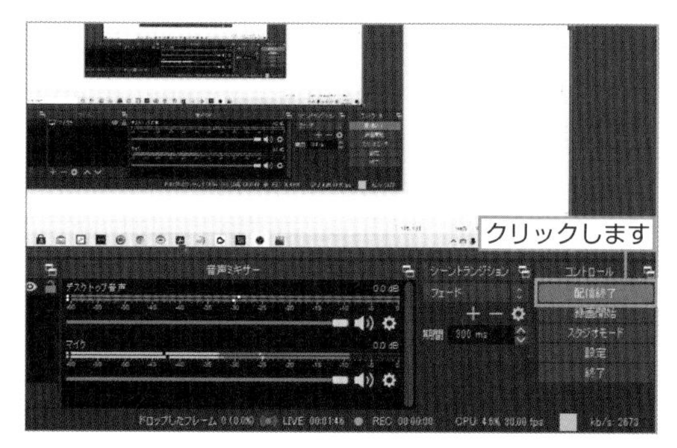

アプリ画面を配信する

1 「ライブ配信を開始」をクリックする

画面上部にある「作成」アイコン をクリックし、「ライブ配信を開始」をクリックします。

2 「エンコーダ配信を作成」をクリックする

左側のメニューの「エンコーダ配信」をクリックしてタイトルなどの情報を入力し、「保存」ボタンをクリックします。

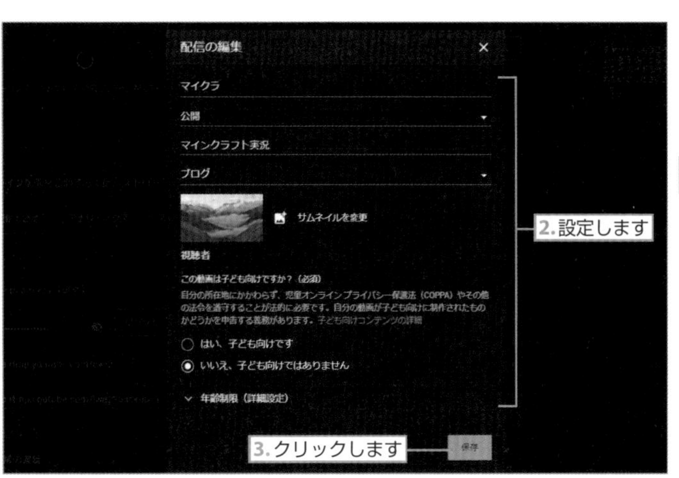

3 ストリームキーをコピーする

画面左の中段にある「ストリームキー」の「コピー」ボタンをクリックします。

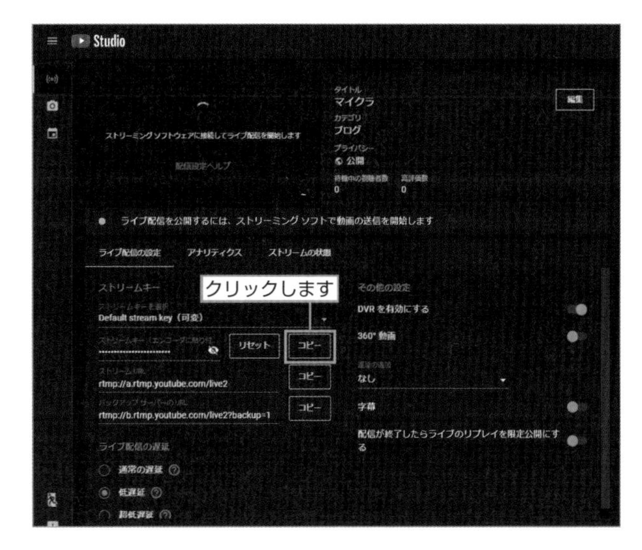

4 ソースを追加する

OBS Studioを起動します。画面の左下にある「ソース」の＋ボタンをクリックし、一覧の中から「ウィンドウキャプチャ」を選択します。

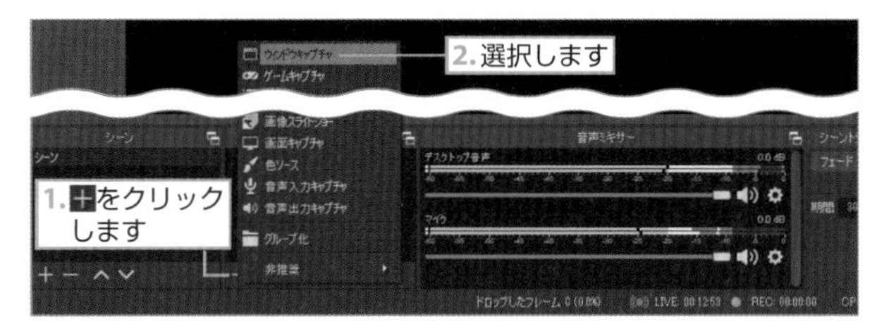

5 名前を入力する

任意の名前を入力し、「OK」ボタンをクリックします。

6 「OK」をクリックする

「ウィンドウ」欄から配信したいアプリを選択します。
確認したら、「OK」ボタンをクリックします。

7 「設定」を選択する

「ファイル」メニューから「設定」を選択します。

8 ストリームキーを貼り付ける

左側のメニューにある「配信」をクリックします。「サービス」を「YouTube / YouTube Gaming」、「サーバー」を「Primary YouTube ingest server」に設定して、手順3でコピーしたストリームキーを貼り付けて、「OK」ボタンをクリックします。

9 「配信開始」をクリックする

画面右下にある「配信開始」をクリックします。

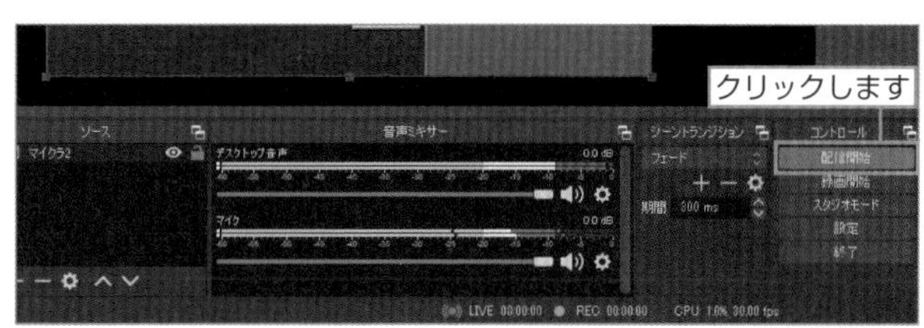

10 ライブ配信が開始される

YouTubeに戻ります。数秒待つとプレビュー画面にアプリ画面が表示され、ライブ配信が開始されます。配信を終了するときは、画面右上の「ライブ配信を終了」ボタンをクリックします。

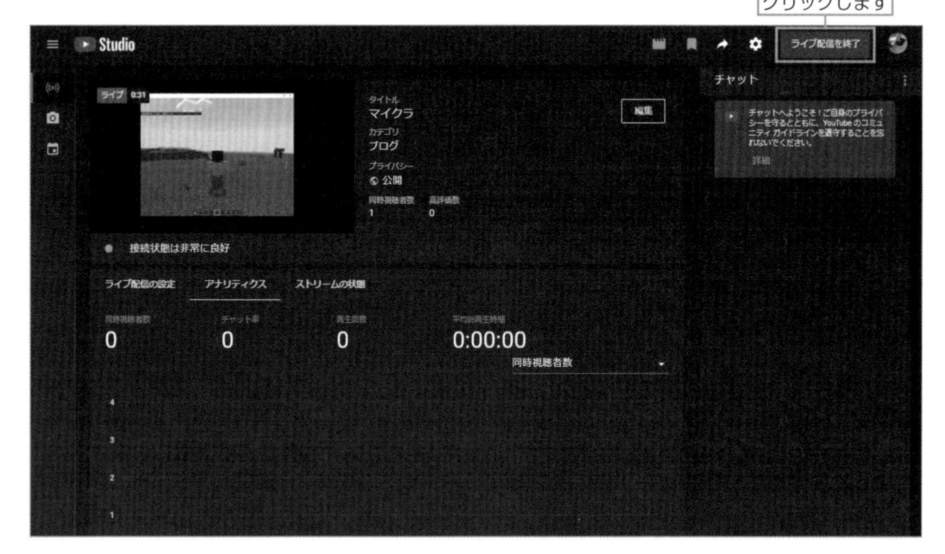

11 「終了」をクリックする

「終了」ボタンをクリックします。

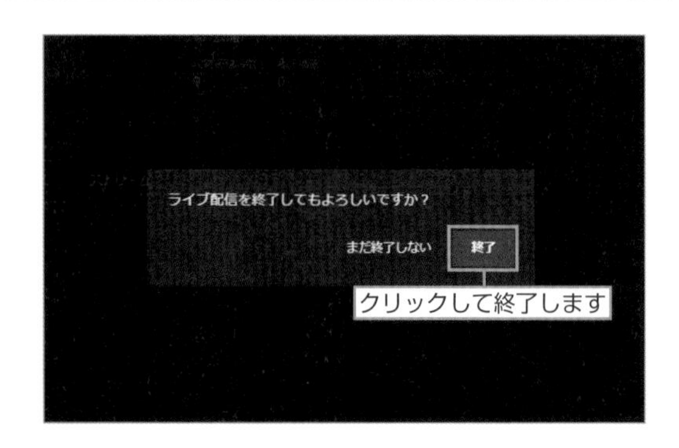

12 「閉じる」をクリックする

「閉じる」ボタンをクリックしてライブ配信を終了します。「STUDIOで編集」ボタンをクリックすると、動画エディタが開き、ライブ配信した動画を編集して新しい動画として保存することができます。

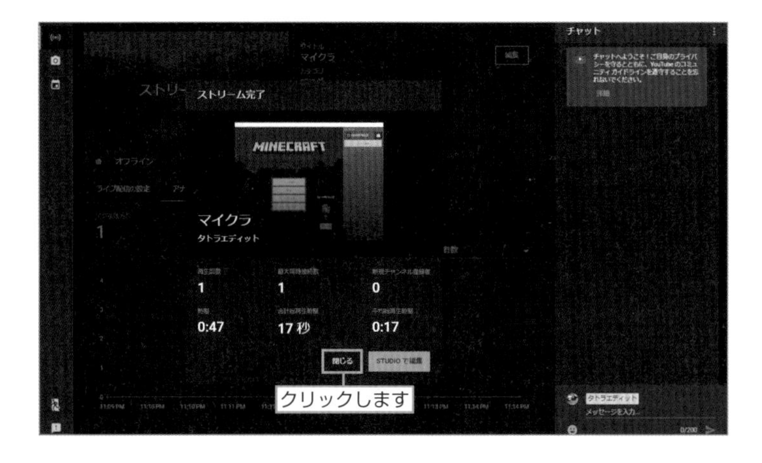

13 「配信終了」をクリックする

OBS Studioに戻り、「配信終了」をクリックしてライブ配信を終了します。

Step 6-5

ライブ配信をリマインダーに設定する

次回のライブ配信を視聴する予定があるときは、リマインダーを設定しておくといいでしょう。ライブ配信が行われるスケジュールに応じて、ウェブブラウザに通知が表示されるようになります。

動画にリマインダーを設定する

ライブ配信は、見逃すと二度と見られなくなってしまうものがあります。見逃しを防ぐために、リマインダーを設定しておきます。

1 「ライブ」をクリックする

ホーム画面の左側のメニュー下部の「YOUTUBEの他のサービス」にある「ライブ」をクリックします。

2 動画を探す

ライブ配信の動画が一覧表示されました。画面中段にある「今後のライブストリーム」から、観たい動画のサムネイルを選択します。

3 「リマインダーを設定」をクリック

選択したライブ配信予定の動画が表示されます。動画左下にある「リマインダーを設定」ボタンをクリックします。

4 通知を待つ

「リマインダー：オン」と表示されます。
通知が来るのを待ちましょう。

Step 6-6

配信中（エンコーダ配信中）のアナリティクスを表示する

動画をライブ配信している時は、同時視聴者数やチャット率などのアクセス概要をリアルタイムで知ることができます。

視聴数をグラフで確認する

ライブ配信画面の「アナリティクス」タブには、現在の視聴者数がグラフでリアルタイム表示されます。チャット率などの情報も確認可能です。

1 「アナリティクス」をクリックする

エンコーダ配信中に画面中段にある「アナリティクス」タブをクリックすると、アナリティクスが表示されます。

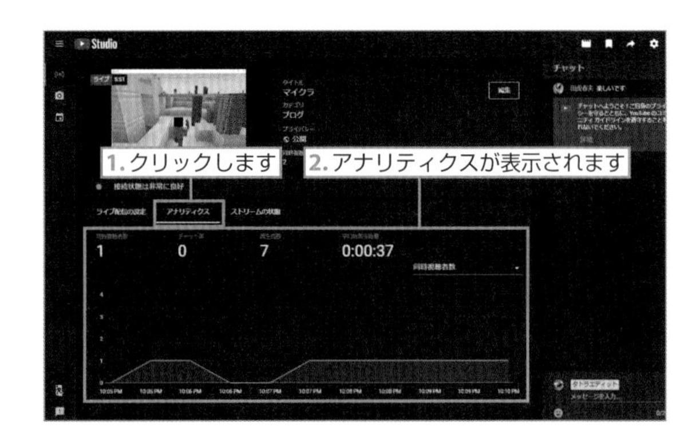

2 「同時視聴者数」をクリックする

「同時視聴者数」をクリックすると、メニューから表示内容を変更することができます。

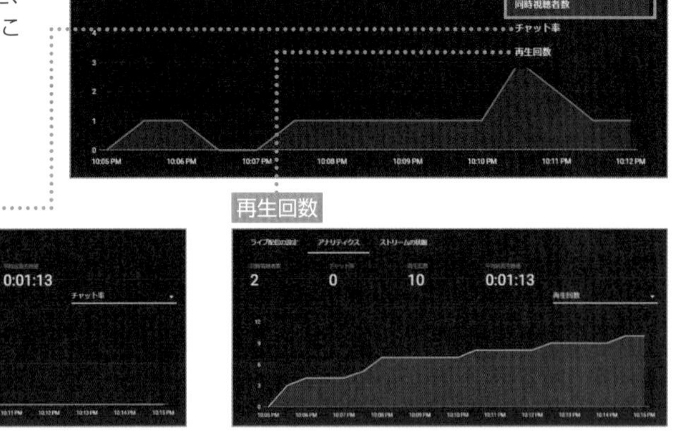

Step 6-7

配信内容を他のSNSで告知する

ライブ配信で視聴者を増やしたいときには、SNSとの連携がおすすめです。ライブ配信を開始した後に、「共有」機能からTwitterやFacebookなどに投稿できます。

共有機能を使う

以前は配信と同時に、TwitterやFacebookなどのアカウントにYouTubeのURLを自動で共有する機能がありましたが、現在は廃止されています。
共有メニューから、手動で各SNSへの共有を行う必要があります。

1 「ライブ配信を開始」をクリックする

画面上部にある「作成」アイコンをクリックし、「ライブ配信を開始」をクリックします。

2 「次へ」をクリックする

タイトルなどの情報を入力して、「次へ」ボタンをクリックします。

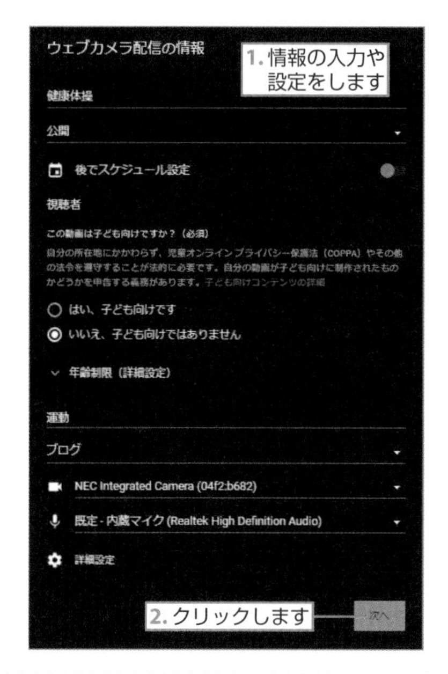

3 「共有」をクリックする

ストリームのプレビュー画面の下部にある「共有」をクリックします。

※画面はハメコミです

4 アイコンをクリックする

SNSのアイコンが表示されます。ここでは、Twitterアイコンをクリックします。

5 ライブ配信のURLを投稿する

ライブ配信ページのURLが入力された状態のTwitterの投稿フォームが表示されます。コメントを書き添えるなどして、「ツイートする」ボタンをクリックします。

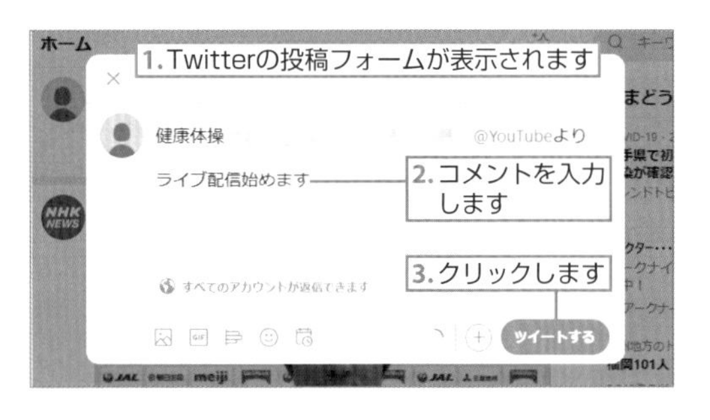

サービスにはログインが必要

選択したサービスにログインしていない場合は、アイコンをクリックすると、ユーザーIDやパスワードの入力画面が表示されます。

6 TwitterにURLが投稿される

Twitterのタイムラインにライブ配信ページのURLが投稿されます。
ツイートをクリックすると、動画ビューアーが表示され、Twitter上で再生できます。

Part 7

広告の表示とアナリティクス

YouTube にアップロードした動画に広告を表示することで、Googleから収益を受け取ることができます。ここでは、広告表示・収益化の方法と、その結果を分析できるアナリティクスの見方を紹介します。

Step 7-1

動画の広告収益のしくみ

アップロードした動画内に広告を表示すると広告の表示回数によって広告収益を得ることができます。ただし、広告は誰でも掲載できるわけではありません。チャンネル登録者数と過去12カ月間の総再生時間の基準を満たしたチャンネルのみ、広告を掲載できます。

広告のクリック回数によって広告収入が発生する

YouTube動画を観ていると、動画の最初などに広告が表示されることがあります。この広告は動画をアップした人が表示させています。そして、閲覧者が広告を見てクリックすると、その表示回数やクリック数に応じて、動画の持ち主に広告収入が支払われています。

「Google AdSense」という広告を表示させている

YouTube動画に表示されている広告は、「Google AdSense」というGoogleの広告です。YouTuberが自分の動画に「Google AdSense」の広告を表示させて、この広告を視聴者がクリックすると、「Google AdSense」は、1クリック○○円というようなかたちで動画の作成者に報酬を支払います。

「Google AdSense」は、Googleが提供するサイト運営者向けの広告配信サービスです。YouTube以外にも、あらゆるWebページに表示されているインターネット広告です。

❶ 投稿主が動画に広告を表示させる

❷ 閲覧者が動画の広告をクリック

気になる広告だ！

動画に広告を表示させよう

クリック

特待生制度

昭和薬科大学

❸ クリック回数などに応じて広告費が支払われる

収益を受け取ることができるコンテンツとチャンネル

収益を受け取れるのは、すべてを自分で作成した動画に限ります。自作ではないコンテンツや、作成者から使用許可を受けていないコンテンツを含む動画は対象外です。また、チャンネルにも制限があり、チャンネル登録者数1000人以上、過去12カ月間の総再生時間4000時間以上の基準を満たしたチャンネルのみ広告を掲載できます。

動画の収益を受け取る流れ

YouTubeは初期状態では動画内に広告は表示されないので、まずは動画に広告を表示させる設定に変更します。設定した動画をアップロードすると広告が表示され、広告のクリック率に応じて収益が発生します。
発生した収益を受け取るには、「Google AdSenseアカウント」と関連付けが必要です。これで、支払い元の広告配信サービス「Google AdSenseアカウント」から収益を受け取れるようになります。

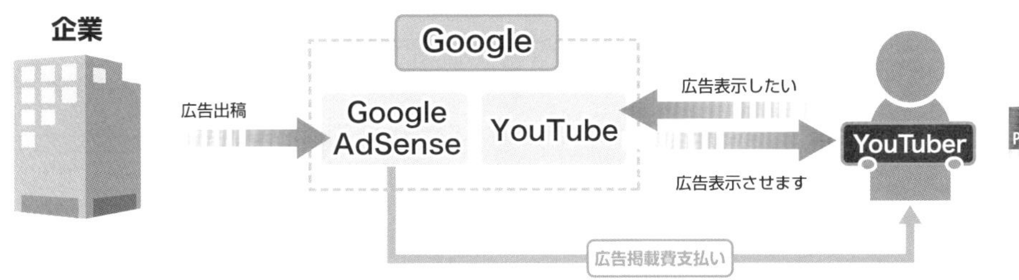

Google AdSenseアカウントに関連づけしないと受け取れない

Google AdSenseアカウントを取得しなくても動画に広告は表示できますが、収益を受け取ることはできません。これでは広告を表示する意味がないので、Google AdSenseアカウントへの関連付けも忘れずに行いましょう。

表示させられる広告の種類

動画の収益化を有効にすると、広告が表示されます。表示される広告にはいくつかの種類があり、表示させる種類を選択することができます（205ページ参照）。

広告の種類	表示される環境
ディスプレイ広告 注目動画の右側と、おすすめの動画一覧の上に表示されます。プレーヤーが大きい場合は、プレーヤーの下に表示される場合もあります。	PC
オーバーレイ広告（旧: InVideo 広告） 動画の再生画面の下部20%に表示されます。	PC
スキップ可能な動画広告（旧: TrueView インストリーム広告） 広告が5秒間再生された後、広告をスキップするか残りの部分を見るかを視聴者が選択できます。動画本編の前後または途中に挿入します。	PC ／携帯／ゲーム機
スキップ不可の動画広告、長いスキップ不可の動画広告（旧: スキップ不可のインストリーム広告） スキップ不可の動画広告は、最後まで見ないと動画を視聴することができません。 長いスキップ不可の動画広告は最長およそ30秒です。 動画本編の前後または途中に表示できます。	PC ／携帯

Step 7-2

広告収益を受け取るための設定

広告を表示させるためには、まず「収益化」を有効にします。表示させた広告から発生した収益は「Google AdSense」から支払われるので、「Google AdSenseアカウント」と関連付ける必要があります。

収益化を有効にする

初期状態では動画に広告は表示されません。広告表示を有効にします。

1 収益受け取りの状況を確認する

YouTube Studioを開いて、左側にある「チャンネルの収益化」アイコン $ をクリックします。

2 申し込み可能かを調べる

チャンネルが収益化可能な状態でない場合は、下の画面が表示されます。収益化可能な状態である場合は、「申し込む」ボタンが表示されるのでクリックします。

広告の種類

動画に挿入される広告の種類は、199ページの表を参考にして選びましょう。動画が再生される前に全画面で表示されるスキップ可能な動画広告や、動画の再生中に下部に表示されるオーバーレイ広告がよく使用されています。

スキップ可能な動画広告

オーバーレイ広告

TIPS ▶▶

「Google AdSenseアカウント」と関連付ける

「YouTubeパートナープログラムの利用規約に同意しました」のチェックを終えたら、AdSenseの申し込みを開始します。

※画面は2020年1月時点のものです。

1 規約に同意する

収益受け取りプログラムの規約が表示されます。よく読んだ上で内容に同意したら、3つのチェックボックスをチェックして「同意する」ボタンをクリックします。

収益化を申し込む

ステップ 1: YouTube パートナー プログラムに参加する

YouTubeパートナー プログラム規定

YouTube利用規約およびYouTubeパートナー プログラム ポリシー（それぞれ、その時々における更新を含み、参照により本規定に組み込まれます。）と合わせて、以下のYouTubeパートナー プログラム規定（「本規定」）が、お客様によるYouTubeパートナー プログラムへの参加に適用されます。本規定を注意深くお読み下さい。本規定のいずれかの部分をご理解またはご承諾いただけない場合には、お客様は、YouTubeにおける収益化のためにコンテンツをアップロードしないでください。

1　収益化による収入　YouTubeは、お客様に以下のとおり支払を行います：

1.1. 広告収入　お客様のコンテンツ視聴ページにおいて、またはお客様のコンテンツのストリーミングと連動するYouTube動画プレーヤーにおい

☑ 上記の利用規約を確認しました。内容に同意します。

☑ 収益を不正に増加させることを目的に、Google のサービスを通じて自らのコンテンツに配信されている Google の広告をクリックしないことに同意します。

☑ 十分な権利を有していないコンテンツを収益受け取りプログラムに使用しません。

チャンネルの成長に役立つ最新情報、お知らせ、あなたのためのヒントをメールで受け取ります。

キャンセル　同意する

2 「AdSenseの申し込みます」にある「開始」をクリック

AdSenseの申し込みにある「開始」ボタンをクリックして、次の画面で「次へ」ボタンをクリックします。

収益受け取りプログラム

アカウントのステータス: 収益化が無効です

いつでも収益化をお申し込みいただけます。承認されるには、すべてのチャンネルで 10,000 回以上の視聴回数が必要です。この要件は、新しいチャンネルを正しく評価し、クリエイターのコンテンツを保護するために設けられています。
詳細

収益化を申し込む

YouTube パートナー プログラムの利用規約に同意しました

2 AdSense に申し込みます
新しい AdSense アカウントを作成するか、既存のアカウントをチャンネルに接続します。お支払いを受け取るには AdSense アカウントが必要です。　開始

3 収益化の設定をします

収益受け取りプログラム

既存の AdSense アカウントにリンクするため AdSense にリダイレクトされます。まだ AdSense アカウントをお持ちでない場合は、新しいアカウントを作成してください。この手続きを完了すると、再び YouTube にリダイレクトされます。

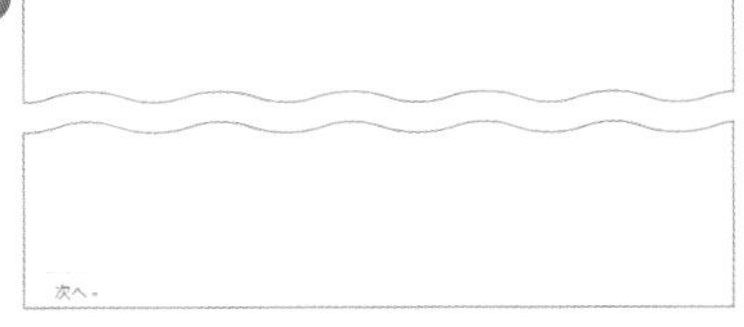

次ページへつづく

3 アカウントを選択する

複数のアカウントを持っている場合は、広告を使用するアカウントを選択します。

4 国を選択

「国または地域を選択」が日本であることを確認して、「アカウントを作成」ボタンをクリックします。次の画面で「次へ進む」ボタンをクリックします。

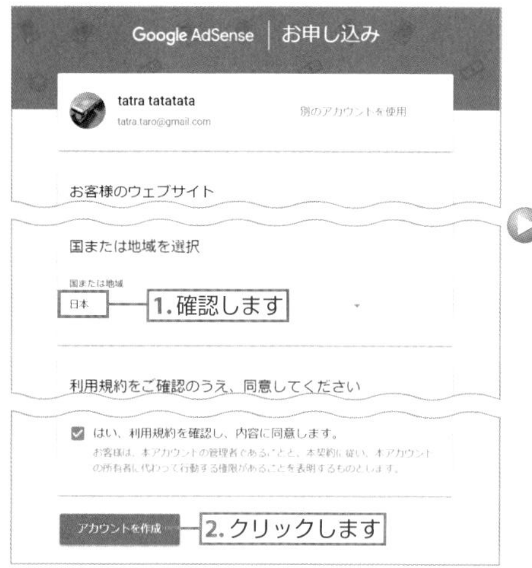

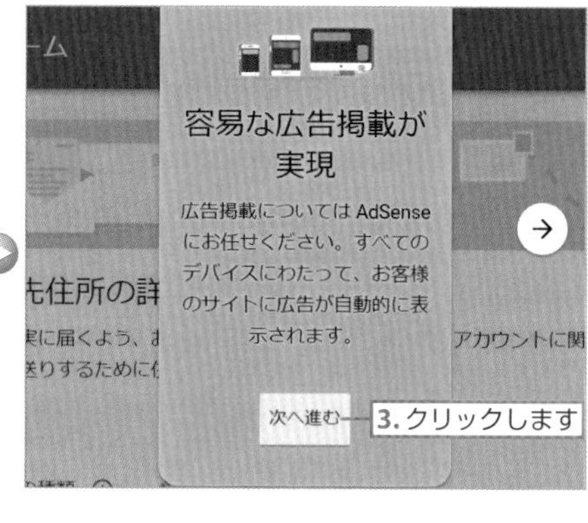

5 アカウント情報を入力

画面の案内に従って、アカウントの種類（個人、法人）と国、氏名、住所、電話番号などを入力していきます。
最後に、「送信」ボタンをクリックします。

次ページへつづく

6 認証コードを送信

電話番号を確認して確認コードを受け取る方法を選択した後に「確認コードを取得」をクリックすると、携帯電話等に認証コードが届きます。取得した確認コードを入力して、「送信」をクリックします。

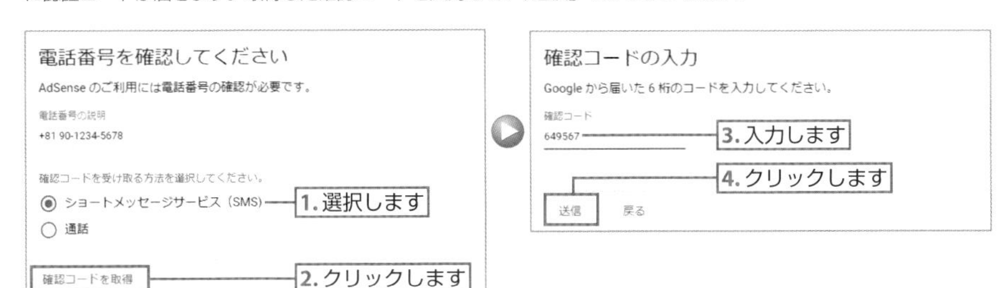

7 収益化の開始

数秒待つか、「リダイレクト」をクリックします。
次の画面で「開始」ボタンをクリックして、収益化を決定します。

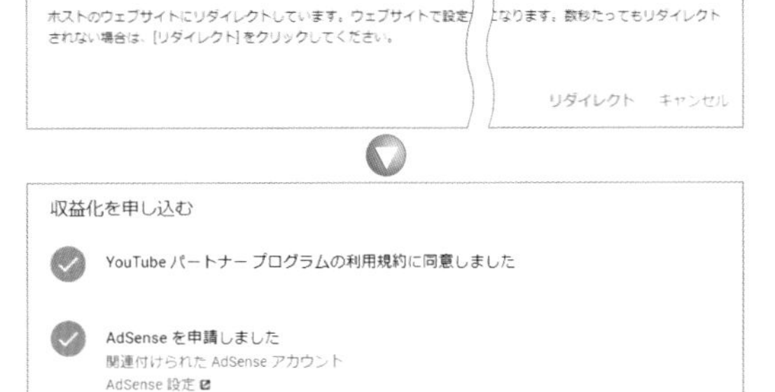

Zoom 審査には数日かかる

この操作のあと、審査が始まります。審査を通過してAdsenseが使えるようになると、メールで通知されます。

8 広告を選択する

収益化ができるようになると画面上部に「動画を収益化」ボタンが表示されます。クリックすると広告の種類を選択する画面が表示されるので、表示される広告のフォーマットを選択して「保存」ボタンをクリックします。

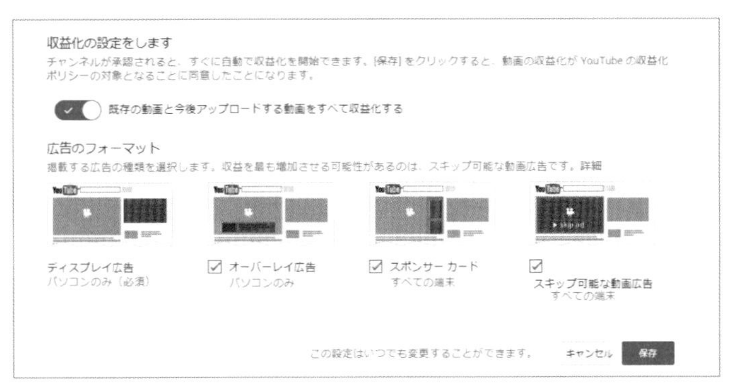

TIPS ▶▶▶

動画ごとに広告の設定をする

収益受け取りプログラムに登録すると、該当するすべての動画に広告が表示されるようになりますが、動画ごとに非表示に設定することも可能です。また、動画ごとに表示する広告の種類を選択できます。
※画面は2020年1月時点のものです。

▶広告を非表示にする

広告を表示させたくない動画には、個別に非表示の設定をしましょう。

1 「クリエイターツール」を開く

プロフィールアイコン→「YouTube Studio」を開き、左メニューから「動画の管理」を選択します。

2 動画一覧で$アイコンをクリック

収益化の対象となっている動画の右側に$アイコンが表示されているのを確認します。
個別に設定したい動画の収益化対象アイコン$をクリックします。

3 収益受け取り設定画面が表示される

収益受け取り設定画面が表示されます。広告を表示したくない動画は、「広告で収益化」のチェックを外して「変更を保存」ボタンをクリックします。

次ページへつづく

▶表示する広告の種類を選択する

動画ごとに表示する広告の種類を選択できます。

1 収益受け取り設定画面を表示する

前ページの手順で種類を選択したい動画の収益受け取り設定画面を表示します。

2 表示する広告の種類を選択する

画面下部の「広告フォーマット」から表示したい広告の種類をチェックボックスで選択します。

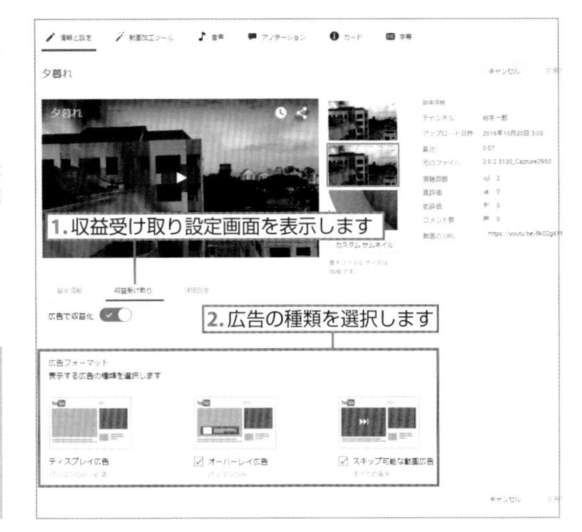

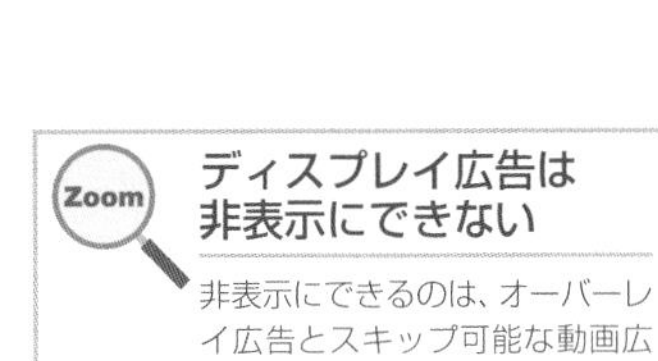

ディスプレイ広告は非表示にできない

非表示にできるのは、オーバーレイ広告とスキップ可能な動画広告だけです。ディスプレイ広告は非表示にすることができません。

▶複数の動画を同時設定する

1 複数の動画を設定する

前ページ手順2の画面を表示して動画の左側にあるチェックボックスにチェックを入れ、「操作」メニューから「収益化」を選びます。

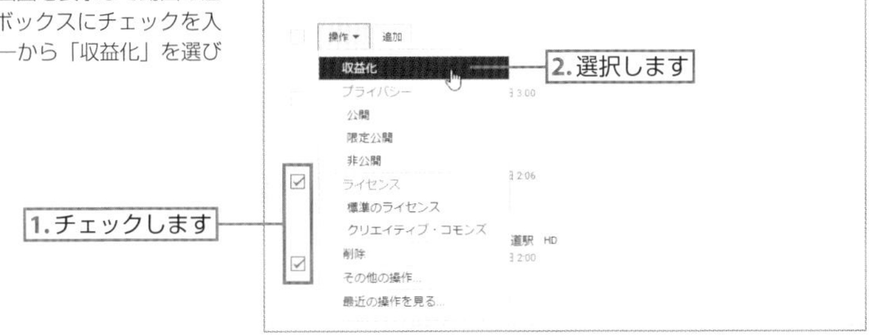

2 収益化の設定画面が表示される

収益化の設定画面が表示されるので、利用したい広告を選択して「収益化」ボタンをクリックします。広告を表示したくない場合は、すべてのチェックを外します。

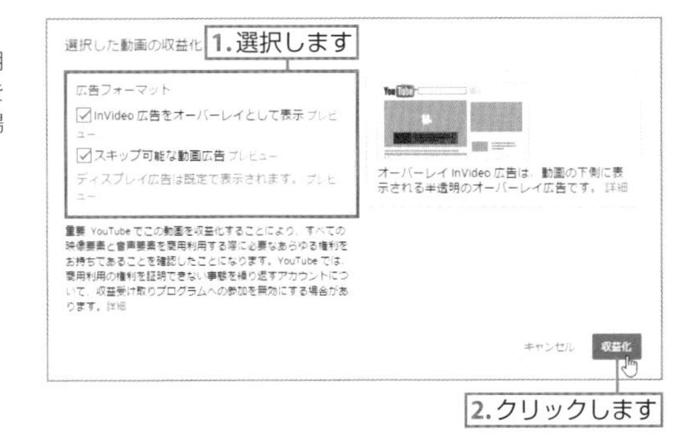

Step 7-3

アナリティクスを使って再生の状況を見る

YouTube Studioにある「アナリティクス」には、視聴回数を始めとする自分がアップロードした動画に関する様々な情報が表示されています。収益化プログラムを利用している場合はどんな動画が人気なのかを知ることによって、収益アップの参考にもなります。

アナリティクスにアクセスする

まずはアナリティクスの画面を表示しましょう。

1 「YouTube Studio」を開く

チャンネルアイコン→「YouTube Studio」を開き、画面左側のメニューに表示される「アナリティクス」をクリックします。

2 「アナリティクス」が表示された

アナリティクスの画面が表示されました。

概要を把握する

アナリティクスの「概要」画面には、総再生時間や人気動画ランキングなど代表的なデータが要約されているので、まずはここで大まかな数字をチェックしましょう。

パフォーマンスと視聴者の反応

画面上部には、再生時間、平均視聴時間、視聴回数、推定総収益といったパフォーマンスに関するレポート、高評価数、低評価数、コメント数、共有数、再生リストに含まれた動画数、チャンネル登録者といった視聴者の反応に関するレポートがまとめて表示されます。

データフィルタ

次ページ参照。初期状態では、「過去28日間」のすべての動画が対象になっています。

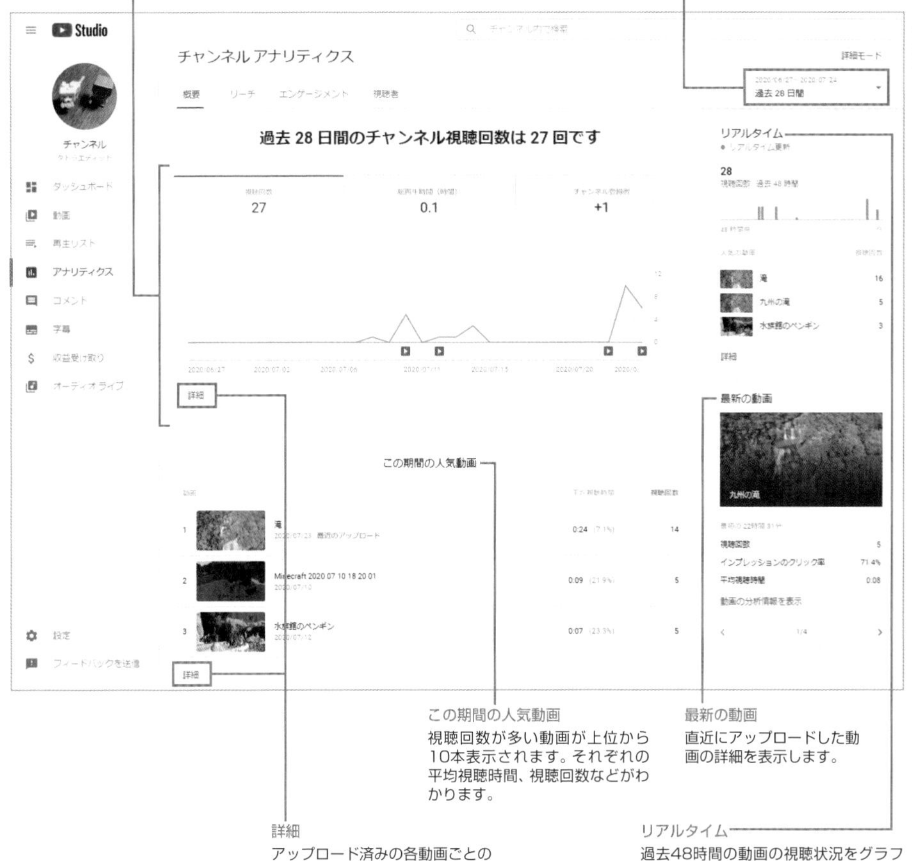

この期間の人気動画

視聴回数が多い動画が上位から10本表示されます。それぞれの平均視聴時間、視聴回数などがわかります。

最新の動画

直近にアップロードした動画の詳細を表示します。

詳細

アップロード済みの各動画ごとの解析結果をグラフで表示します。

リアルタイム

過去48時間の動画の視聴状況をグラフで表示します。また、上位3つの動画の視聴回数が表示されます。「詳細」をクリックすると、過去60分の解析結果を確認できます。

データフィルタを利用する

チャンネルアナリティクス画面の「詳細モード」をクリックすると、アップロード済みの各動画ごとの解析結果を確認できます。この画面では、データフィルタ機能を利用できます。データフィルタを使うと、どのOSから利用されているか、視聴者の年齢層などの情報を抜き出して表示することができます。

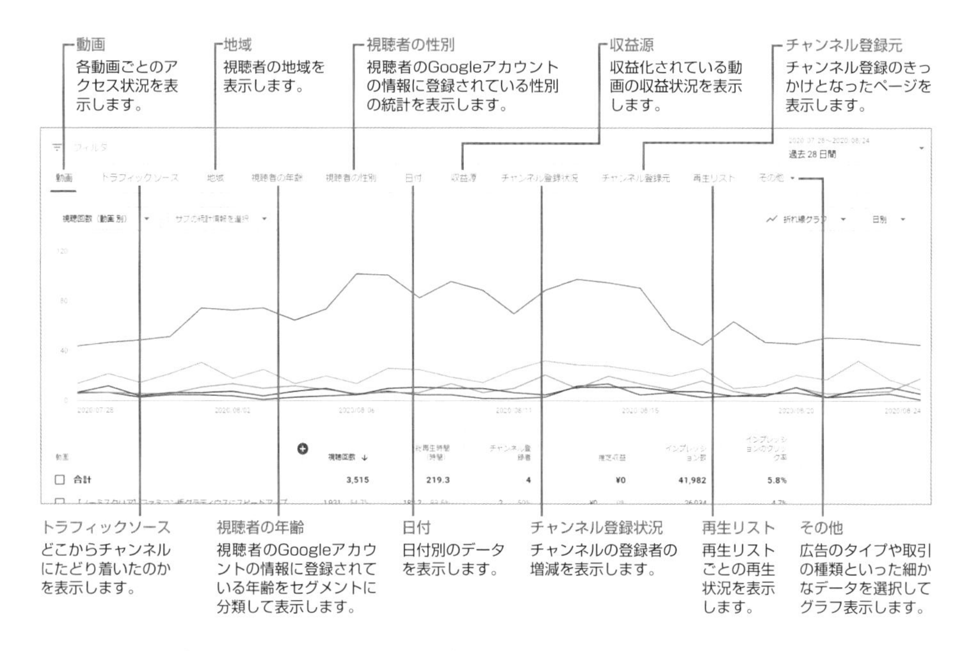

OSごとのデータをフィルタリングする

1 「OS」を選択する

「フィルタ」をクリックして、「OS」を選択します。

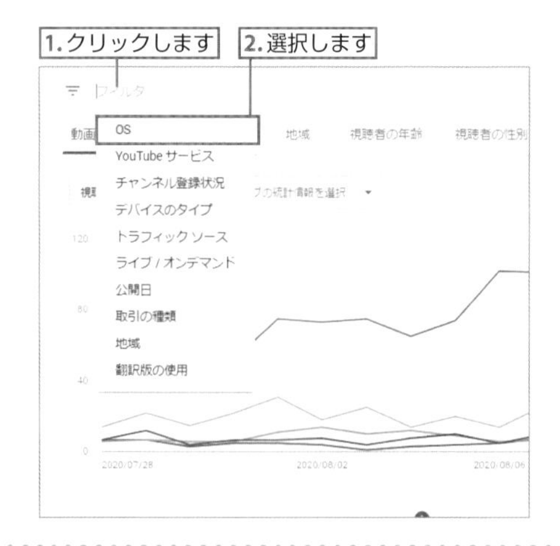

2 「iOS」を選択して「適用」をクリック

OSの一覧が開きます。ここでは「iOS」を選択して、「適用」をクリックします。

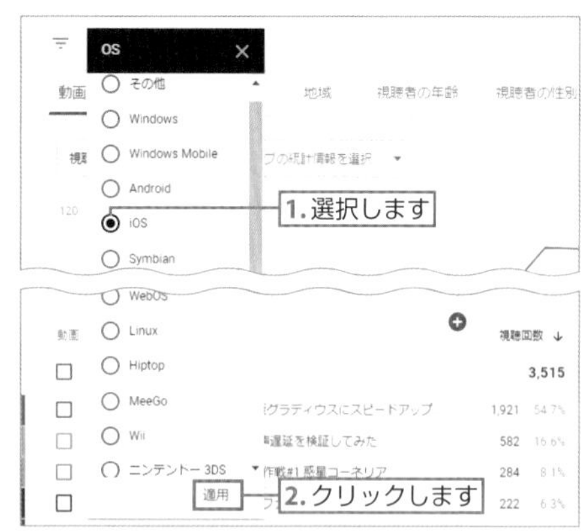

3 iOSで閲覧された動画の情報が表示される

iOSで閲覧された動画の情報が表示されます。元の状態に戻す場合は、「iOS」の右にある⊗をクリックします。

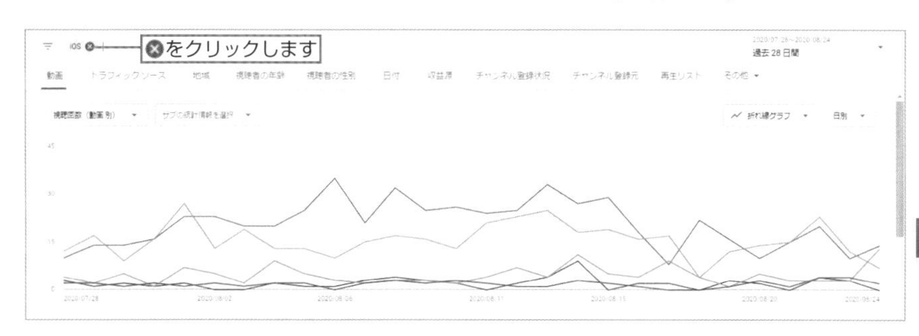

4 元の表示に戻る

元の表示に戻りました。

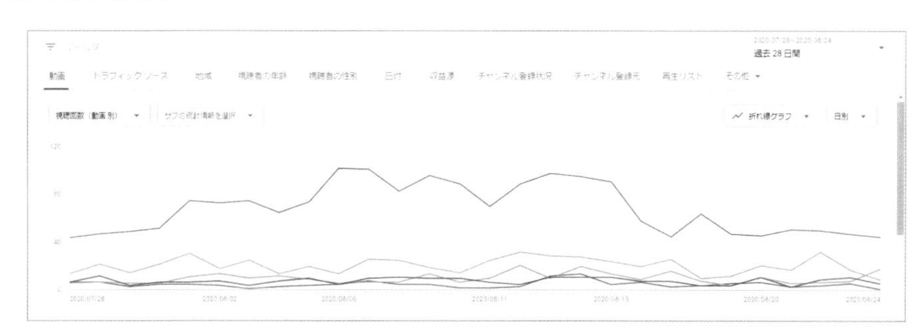

「リアルタイム」の詳細を見る

画面右上にあるメニューから「リアルタイム」欄の「詳細」をクリックすると、それぞれの動画の「過去48時間」、「過去60分」の視聴回数を棒グラフで見ることができます。10秒ごとに自動更新されるので、リアルタイムの勢いを見ることができます。

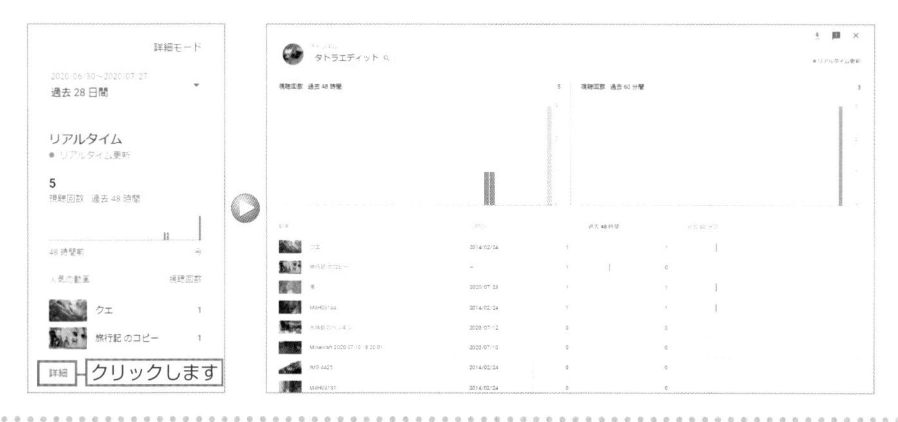

収益レポートを見る

収益レポートでは、再生回数から推定される収益や広告の閲覧状況などを見ることができます。

「収益」の詳細を見る

「収益受け取りプログラム」に加入している場合、YouTube Studioの左側のメニューから「アナリティクス」をクリックすると、広告表示回数から推定される収益のレポートが表示されます。

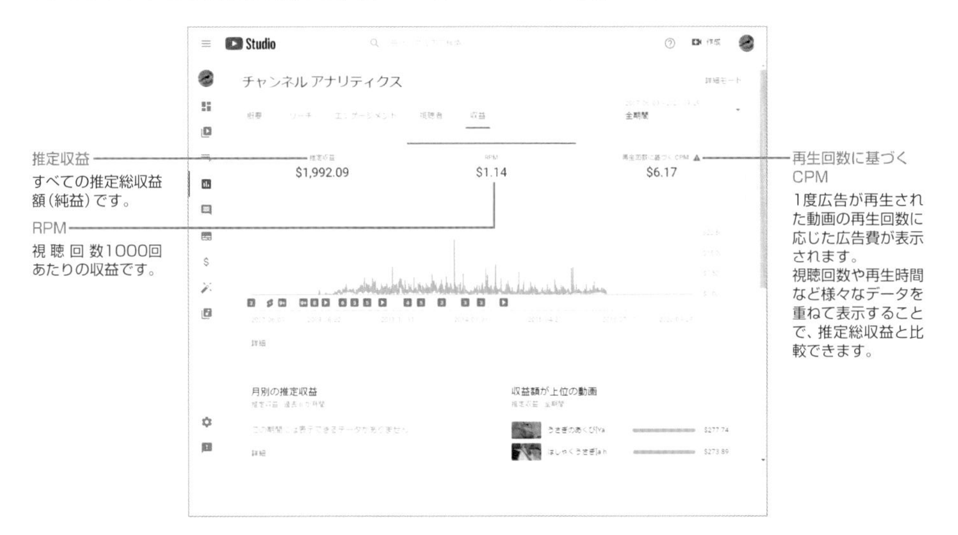

「広告」の詳細を見る

さらに下へスクロールさせると、動画ごとの広告の詳細を確認することができます。

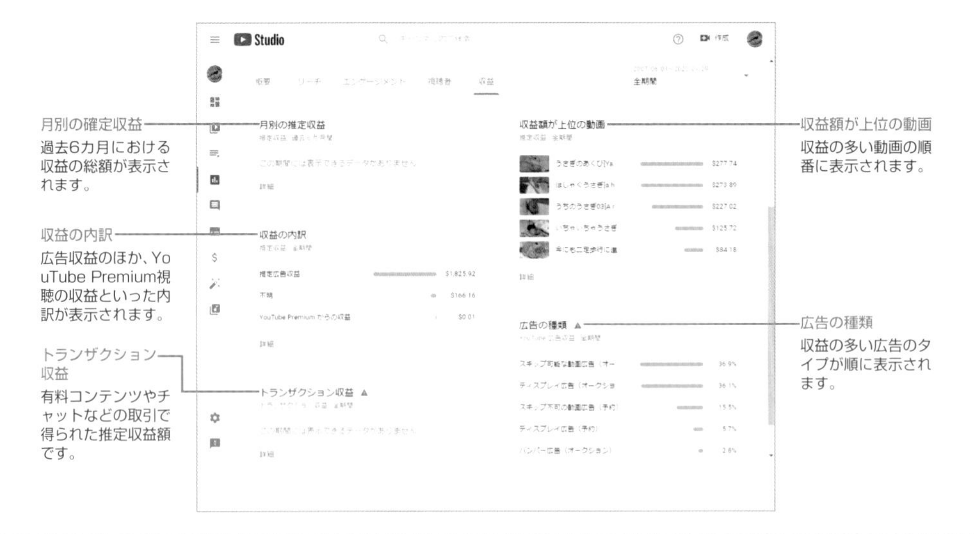

Step 7-4

ダッシュボードを見る

ダッシュボードは、ひと目でチャンネルの概要を把握できる「ビジュアルに特化した管理画面」という認識で使うとよいでしょう。

ダッシュボードを表示する

Part 7

ダッシュボードは、「YouTube Studio」から表示することができます。

1 「YouTube Studio」を開く

チャンネルアイコンから「YouTube Studio」を開き、画面左側のメニューにある「ダッシュボード」をクリックします。

2 ダッシュボードが表示される

ダッシュボードには、直近の動画のアクセス状況がわかる「最新の動画のパフォーマンス」やチャンネルの状態がわかる「チャンネルアナリティクス」、「最新のコメント」など、チャンネルの集客に役立てられる情報が並んでいます。

TIPS ≫

広告を表示させるときの注意

YouTubeに広告を表示させるときは、動画の内容がコンテンツのガイドラインに沿ったものである必要があります。動画の内容がガイドラインに違反している場合は、広告が表示されなくなるばかりか、YouTubeから削除されてしまうこともあります。

ガイドラインには準拠しているが、広告掲載に適していないコンテンツの場合は、収益化ステータスが「広告表示なし／制限あり」と表示され、広告による収益化はされません。広告掲載に不適切なのは、下記の内容が含まれているときです。

●広告掲載に適さない内容

- 不適切な表現
- 暴力
- アダルトコンテンツ
- ユーザーに強いショックや不快感を与えるコンテンツ
- 有害または危険な行為
- 差別的なコンテンツ
- 扇動的、侮辱的なコンテンツ
- 危険ドラッグや薬物に関連するコンテンツ
- タバコに関連するコンテンツ
- 銃器に関連するコンテンツ
- 物議を醸す問題やデリケートな事象
- ファミリーコンテンツに含まれる成人向けのテーマ

また、上記の例を満たさない場合でも、他人のコンテンツを動画内で扱ったり、著作権のある音楽やキャラクターなどを使用した場合は、広告収益が得られない場合があります。

YouTube Perfect GuideBook

Part 8

その他の詳細設定と活用ワザ

YouTubeの様々な機能を紹介してきましたが、YouTubeでできることはこれだけではありません。また、Googleが提供するウェブブラウザChromeと、その拡張機能を利用することでYouTubeにさらに機能を追加し、便利に利用することができます。ここでは、そのいくつかを紹介します。

Step 8-1

複数のチャンネル／アカウントを使用する

仕事とプライベートを使い分けたい、動画をジャンルごとに管理したいと思った場合、同じアカウントにすべてのムービーをアップロードしたくないケースもあるでしょう。そんなときは、チャンネルを複数持つことができます。また、複数のGoogleアカウントを取得して、アカウントごとに使い分けることも可能です。

複数のチャンネル／アカウントを作る

チャンネルを複数持ちたいと思った場合、方法は2通りあります。「1つのGoogleアカウントの中に複数のチャンネルを作る方法」と、「Googleアカウント自体を複数持つ方法」です。

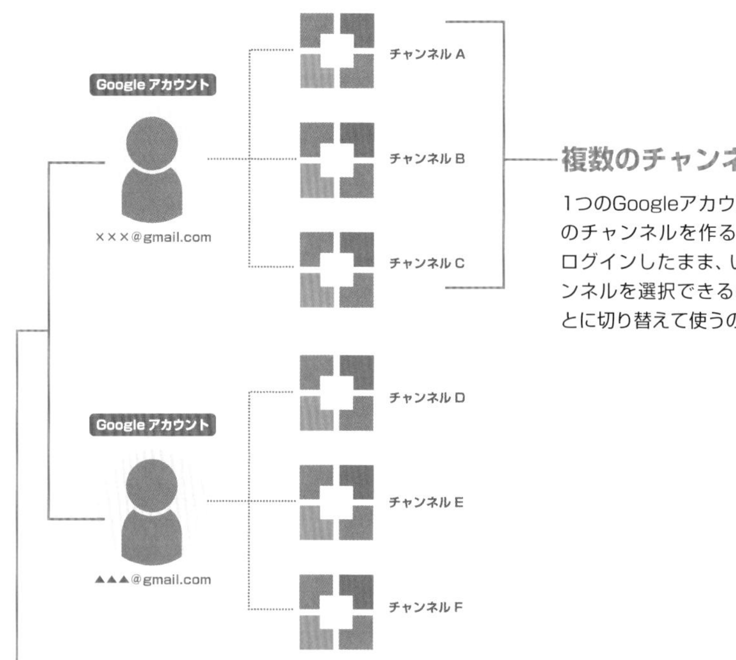

複数のチャンネルを作れる

1つのGoogleアカウントの中に、複数のチャンネルを作ることができます。ログインしたまま、いつでも使用チャンネルを選択できるので、ジャンルごとに切り替えて使うのに便利です。

Googleアカウントを複数作ってログインを切り替える

Googleアカウントは複数持つことを禁止されていないので、Googleアカウントを複数作成し、YouTubeで使用するアカウントを使い分けることができます。もちろんGoogleアカウントごとに複数のチャンネルを作ることもできます。

複数のチャンネルを作成して使い分ける

初期状態ではチャンネルは１つしか作成されませんが、設定画面を利用することで、複数作ることができます。例えば商品紹介のチャンネルとゲーム実況のチャンネルを分けるなど、目的によって使い分けるとよいでしょう。

1 設定画面を開く

画面右上のチャンネルアイコンをクリックしてユーザーメニューを表示し、「設定」をクリックします。

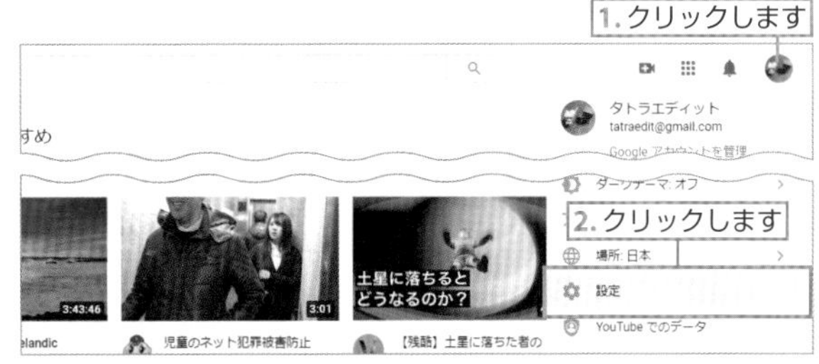

2 新しいチャンネルを作成

「設定」画面が開くので、「アカウント」をクリックし、「YouTubeチャンネル」の下にある「新しいチャンネルを作成する」をクリックします。

> **Zoom 複数のチャンネルがある場合**
>
> 複数のチャンネルが設定された状態では、「新しいチャンネルを作成する」の代わりに「チャンネルを追加または管理する」をクリックします。

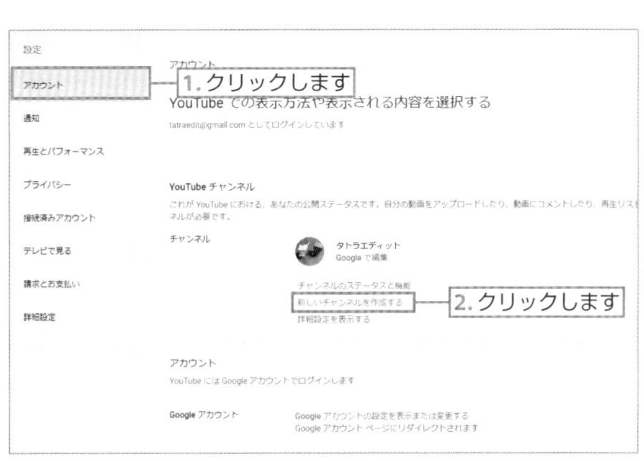

3 チャンネルの名前を決める

新しいチャンネルの作成画面が開きます。「ブランドアカウント名」を入力して「作成」ボタンをクリックするとチャンネルが作成され、新しいチャンネルが開きます。

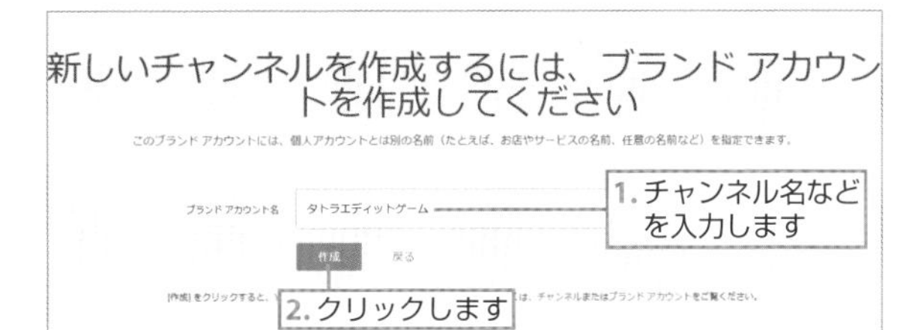

チャンネルを切り替える

チャンネルを複数作成したあとは、投稿や情報の編集を行うときにチャンネルを切り替えましょう。チャンネルアイコンをクリックし、「アカウントを切り替える」をクリックすると、作成したチャンネルが並んで表示されます。使用したいアカウントをクリックして切り替えます。

使用しないチャンネルを削除する

不要になったチャンネルや、間違って作成してしまったチャンネルは削除できます。チャンネルの削除は、アカウント設定の詳細設定から操作します。

1 設定画面を開く

あらかじめ削除したいチャンネルのアカウントに切り替えておき、画面右上のチャンネルアイコンをクリックします。表示されたメニューから「設定」をクリックします。

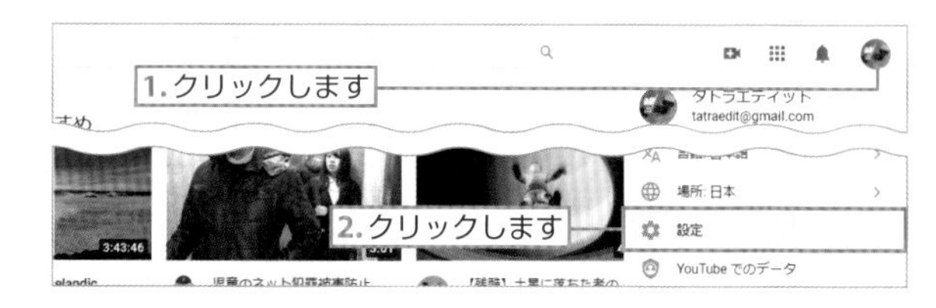

2 詳細設定を開く

「設定」画面が開きます。「アカウント」をクリックし、「詳細設定を表示する」をクリックします。

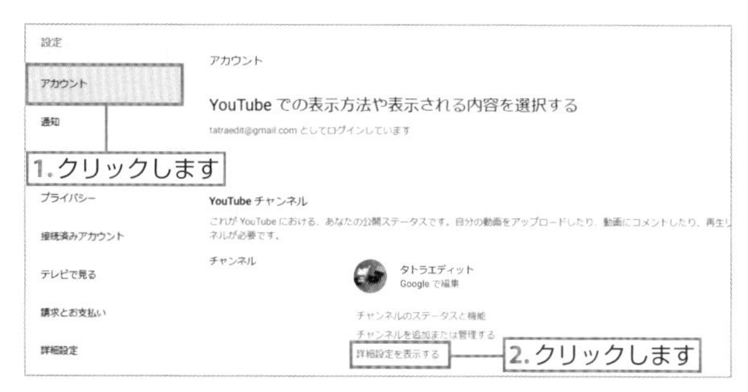

3 チャンネルを削除する

画面の一番下にある「チャンネルを削除する」をクリックし、画面に従って操作すると、現在使用しているチャンネルが削除されます。

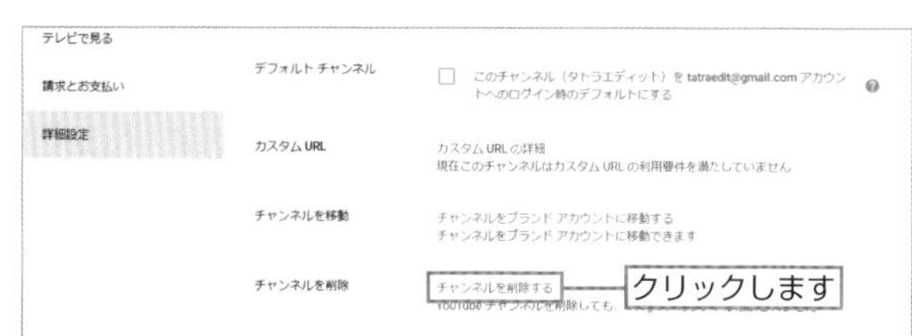

Zoom チャンネルセレクターでチャンネルを切り替える

チャンネルの切り替えは、「チャンネルセレクター」画面でも行えます。

❶アカウント設定画面を開き(上記参照)、「アカウント」→「チャンネルを追加または管理する」をクリックすると、現在利用中のチャンネルが表示されます。

❷切り替えたいチャンネルをクリックしましょう。また、チャンネルを新規に追加することもできます。

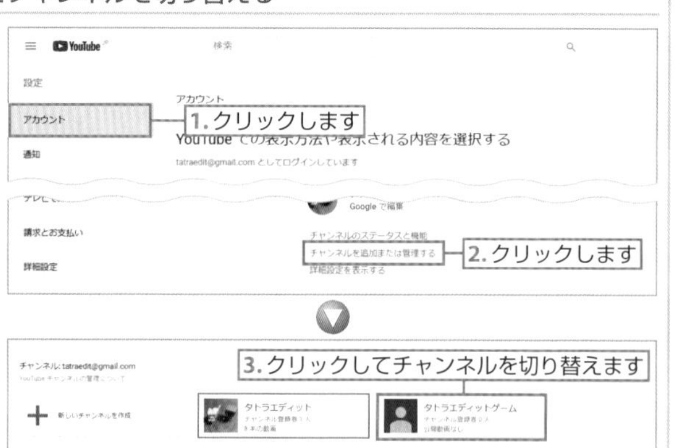

別のGoogleアカウントでログインする

すでにログインしているアカウントとは別のGoogleアカウントに切り替えます。
事前に、別のGoogleアカウントを新規取得しておきましょう。

1 「アカウントを追加」をクリックする

YouTubeにログインした状態で画面右上のチャンネルアイコンから「アカウントを切り替える」をクリックし、次の画面で「アカウントを追加」をクリックします。

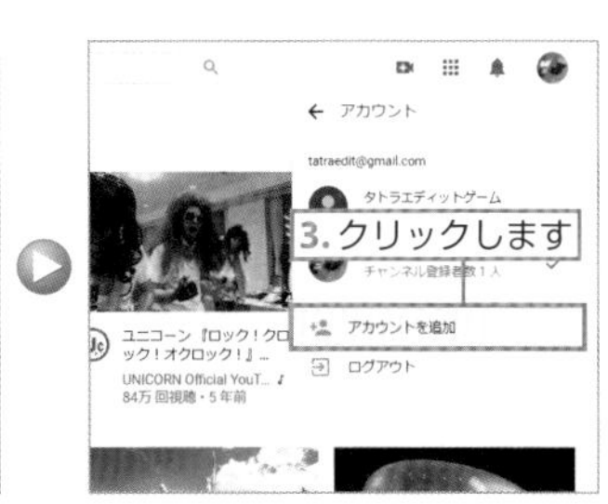

Part 8

2 別のアカウントでログインする

Googleアカウントの選択画面が表示されるので、別のアカウントをクリックします。

3 ログイン完了

別のアカウントでログインできました。

アカウントを切り替える

チャンネルアイコンをクリックして表示されるメニューの「アカウントを切り替える」をクリックします。メニューから切り替えたいアカウントを選択すると、別のアカウントでログインし直しできます。

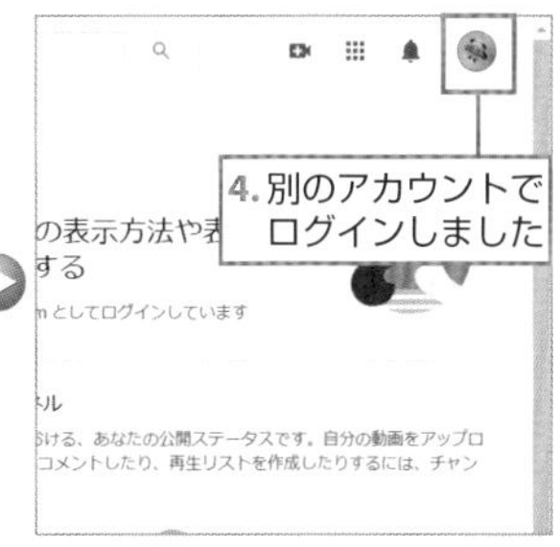

Step 8-2

複数のユーザーとチャンネルを共有する

ブランドアカウントの機能を使うと、複数のユーザーでYouTubeのチャンネルを共有できるようになります。ユーザーごとに投稿や編集などが行える「管理者」や、メッセージの確認、返信などができる「コミュニケーション管理者」といった役割を指定できます。

ユーザーの役割を登録する

共有するユーザーは、Googleアカウントを持っている必要があります。Googleアカウント名かメールアドレスを入力し、役割を指定することでチャンネルを共有できるようになります。

1 「設定」をクリックする

画面右上のチャンネルアイコンをクリックして、表示されたメニューにある「設定」をクリックします。

2 「管理者を追加または削除する」をクリックする

左側のメニューの「アカウント」をクリックして、「YouTubeチャンネル」にある「管理者を追加または削除する」をクリックします。

「管理者を追加または削除する」が表示されていない場合

管理者を追加するには、チャンネルがブランドアカウントとリンクされている必要があります（52ページ参照）。

3 「権限を管理」をクリックする

「ブランドアカウントの詳細」画面が表示されるので、「権限を管理」ボタンをクリックします。

4 「新しいユーザーを招待」をクリックする

画面右上にある「新しいユーザーを招待」アイコン をクリックします。

5 メールアドレスを入力する

招待したいユーザーのメールアドレス（Googleアカウント）を入力します。

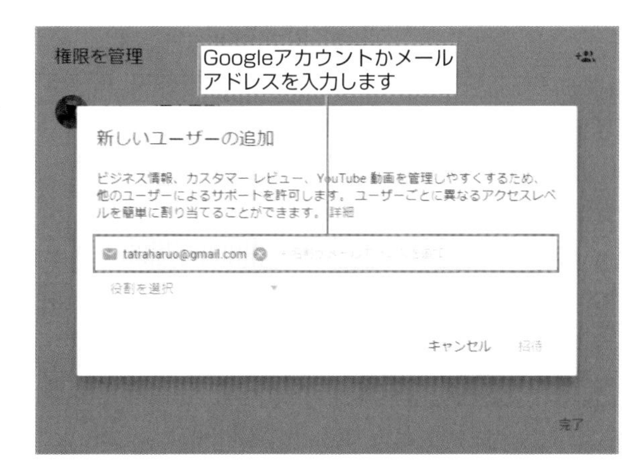

6 役割を選択する

「役割を選択」をクリックして、表示されたメニューから役割を選択します。

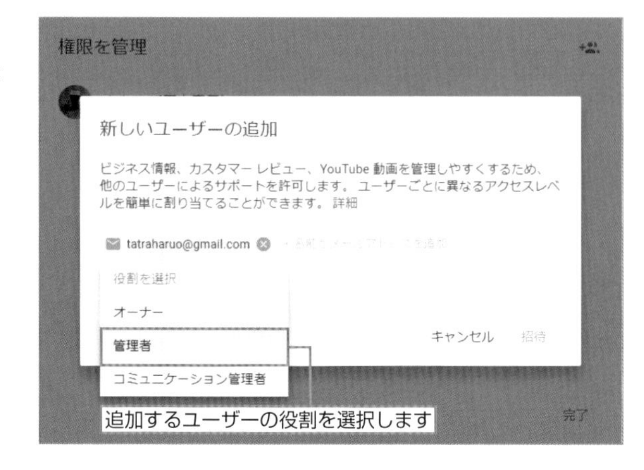

7 「招待」をクリックする

画面右下の「招待」をクリックします。

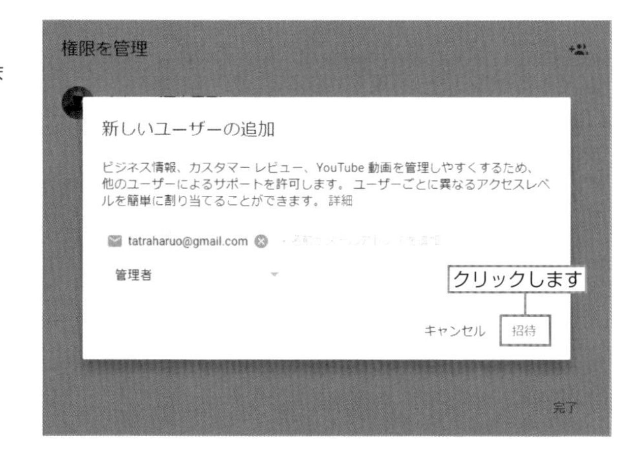

8 「完了」をクリックする

画面右下の「完了」をクリックすると、招待した相手にメールが届きます。相手が招待に応じるのを待ちましょう。

Step 8-3

年齢制限付き動画の閲覧環境を確認する

YouTubeでは、成人以上の年齢が登録してあるGoogleアカウントでないと、年齢制限のある動画を再生できません。日本では、Googleアカウントは13歳以上の年齢になれば作ることができます。子ども用のGoogleアカウントを年齢を正確に登録することで、年齢制限付きの動画は再生できなくなります。

Part8

アカウントに設定している年齢を確認する

年齢制限が設定された動画を再生できるユーザーかどうかは、Googleアカウントに関連付けられている年齢で判断されます。

1 Googleアカウントの管理画面を開く

YouTubeにログインした状態で画面右上のチャンネルアイコンをクリックしてユーザーメニューを表示させ、「Googleアカウントを管理」をクリックします。

1.クリックします

広告を表示

タトラエディット

tatraedit@gmail.com

Google アカウントを管理

2.クリックします

YouTube Studio

アカウントを切り替える

HIGHLIGHTS

ニューホライズン間近で捉えた冥王

迫力がヤバすぎ

2 生年月日を確認する

Googleアカウントの管理画面が開きます。左側のメニューにある「個人情報」をクリックすると、Googleアカウントに登録されている個人情報が表示されます。生年月日を確認しましょう。

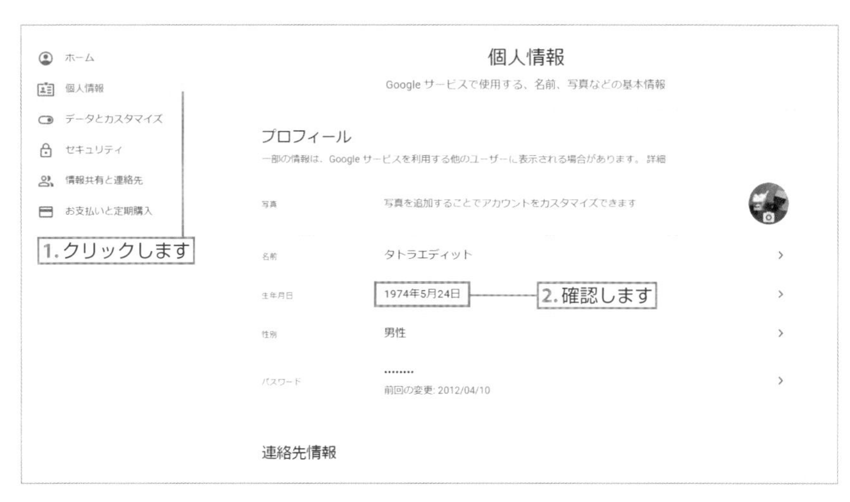

登録している年齢(生年月日)を変更する

前ページで解説した「個人情報」ページから登録年齢を変更できます。「生年月日」をクリックすると生年月日と年齢の詳細が表示されるので、新しい生年月日を入力して「保存」ボタンをクリックします。年齢確認画面に変更するので、確認して「確認」をクリックすると、生年月日が変更されます。

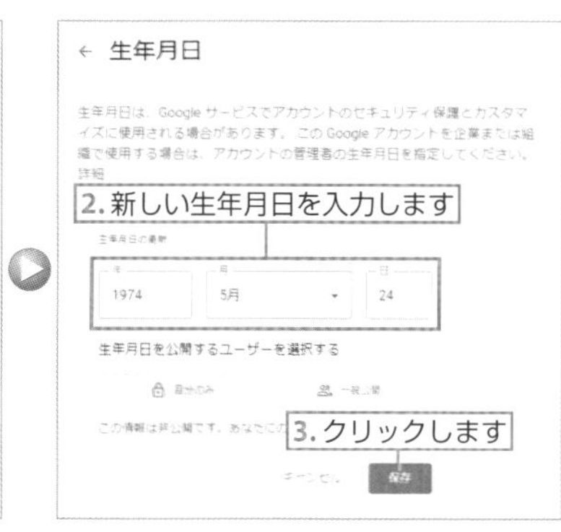

子どもに見せたくない動画を再生しない設定に変更

YouTubeには、コミュニティガイドラインに抵触していなくてもユーザーが不快と感じる成人向けの動画や、視聴年齢が制限されている動画へのアクセスを極力防ぐ「制限付きモード」が用意されています。ユーザーメニューの最下段で有効にしておくと、検索結果などにも成人向け動画が表示されなくなります。パソコンを共有している子どもなど、他のユーザーに勝手に解除させないように、「このブラウザの制限付きモードをロック」することも可能です。

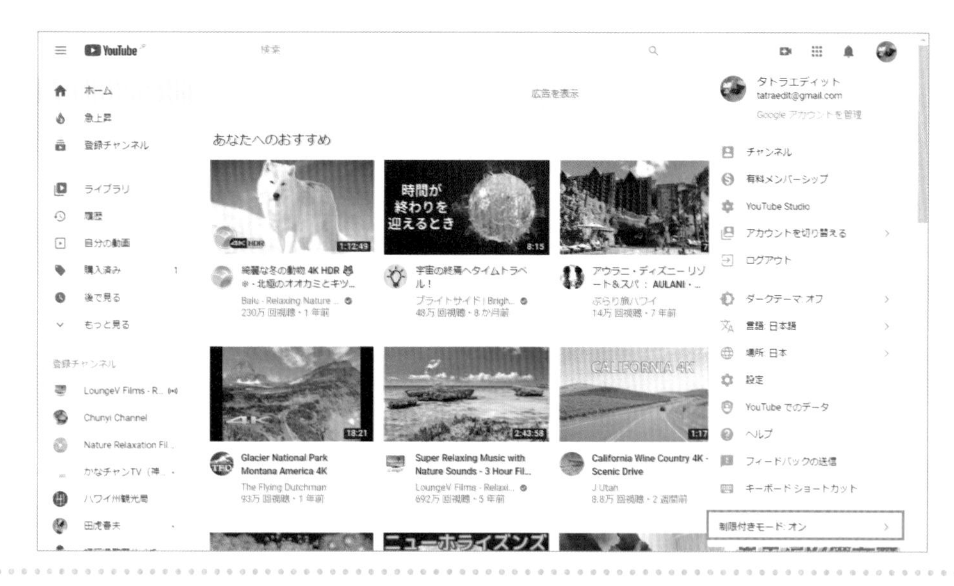

Step 8-4

通知設定／再生方法の設定をする

設定画面ではYouTube上でのプライバシー情報の取り扱い方や、各種情報のメール通知機能、動画の再生方法を指定できます。

設定画面から詳細設定を変更する

画面右上のチャンネルアイコンをクリックして「設定」をクリックすると、各種設定画面が表示されます。

Part 8

通知受け取り状況を設定する

画面左のメニューから「通知」を選択すると、現在YouTubeのログインに利用しているメールアドレスへ届く最新情報通知などの受信設定が変更できます。メールがたくさん届いて困っている場合は、「リクエストしたYouTubeの最新情報をメールで受信する」ボタンをオフにしておきましょう。

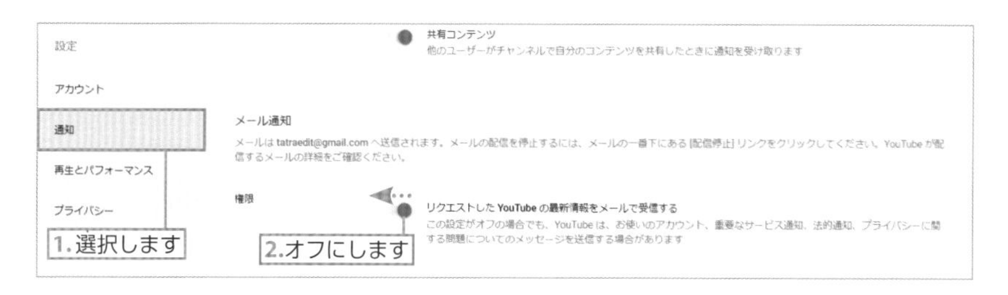

動画の再生方法を変更する

「再生とパフォーマンス」からは、動画内に現れる情報カードや字幕の表示方法を変更することができます。

Step 8-5

再生履歴を消す

YouTubeには、再生したムービーの履歴を保存する機能があります。以前観たムービーを見返したいときなどに便利ですが、履歴を見られたくない場合もあります。ここでは、再生履歴を消す方法などについて説明します。

再生履歴をクリアする

再生したムービーの履歴は「再生履歴」画面から一括で消去することができます。

1 「履歴」をクリック

ホーム画面の左側のメニューにある「履歴」をクリックします。

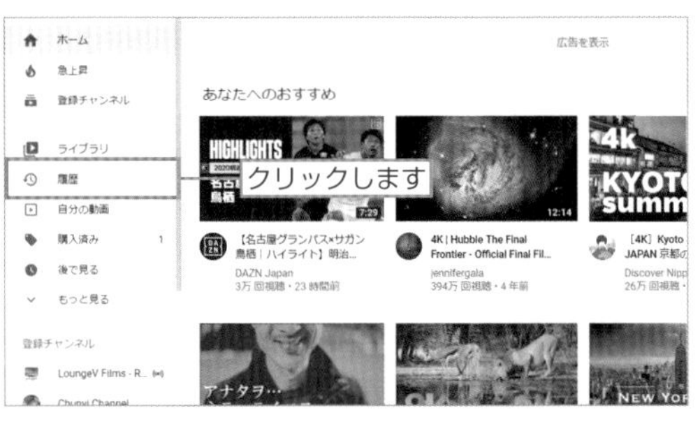

2 「すべての再生履歴を削除」をクリック

画面右側にある「すべての再生履歴を削除」をクリックします。

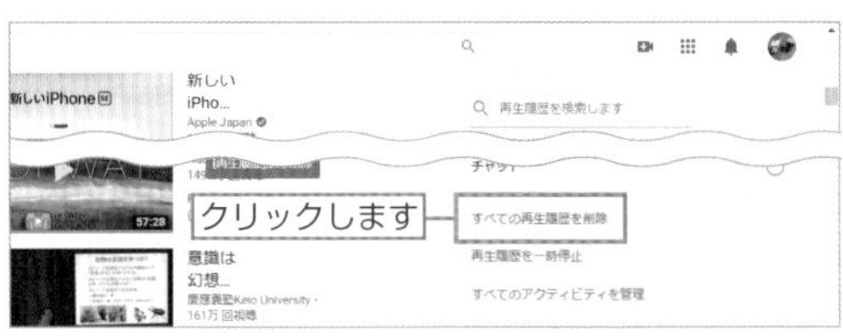

3 確認画面が表示される

確認画面が表示されるので、もう一度「再生履歴を削除」をクリックします。

4 再生履歴が削除された

すべての再生履歴が削除されました。

再生履歴を記録したくないときは

再生履歴を削除しても、その後に観たムービーの履歴は記録されます。
今後履歴を残したくない場合は、前ページ手順2で「すべての再生履歴を削除」の下にある「再生履歴を保存しない」を選択します。

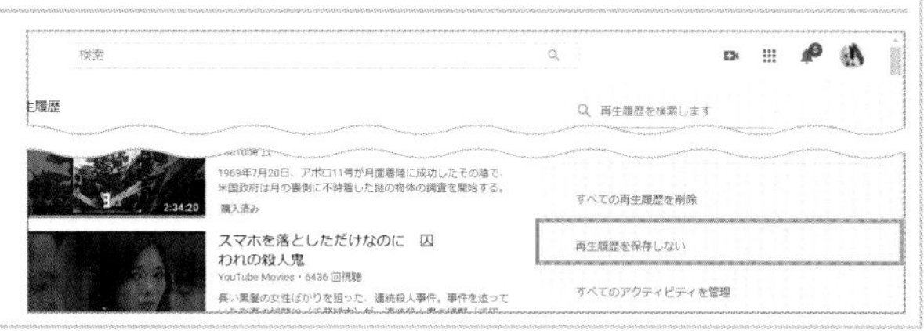

特定の再生履歴を削除する

すべてではなく特定の再生履歴を削除したい場合は、再生履歴画面で削除したいムービーの右端にある×ボタンをクリックします。

その他の履歴を活用する

「履歴」画面からは再生履歴だけでなく、コメントや検索履歴からも探せます。

Step 8-6

Chromeの拡張機能を使う

Googleが提供するWebブラウザ「Chrome」にはブラウザに様々な機能を追加できる拡張機能が無料で配布されています。Chromeの拡張機能の中にはYouTubeに機能を追加し、より便利に使うことができるようになるものがたくさんあり、いずれもインストールするだけですぐに効果があらわれるものばかりです。

Chrome拡張機能のインストール

最初に、Chrome拡張機能全般のインストール方法などを説明します。

1 chromeウェブストアにアクセス

Chromeでchromeウェブストア（https://chrome.google.com/webstore/）にアクセスします。

拡張機能とChromeアプリ

chromeウェブストアでは、拡張機能の他に「Chromeアプリ」と呼ばれるChromeで使用できるアプリも多数配布されています。こちらも無料でダウンロードして利用することができます。

2 「拡張機能」を選択する

左側のメニューから「拡張機能」を選択します。

3 カテゴリを選択する

拡張機能の「カテゴリ」がプルダウンメニューで表示されるので、好みのカテゴリを選択します。YouTubeに関する拡張機能の多くは「娯楽」カテゴリにあります。

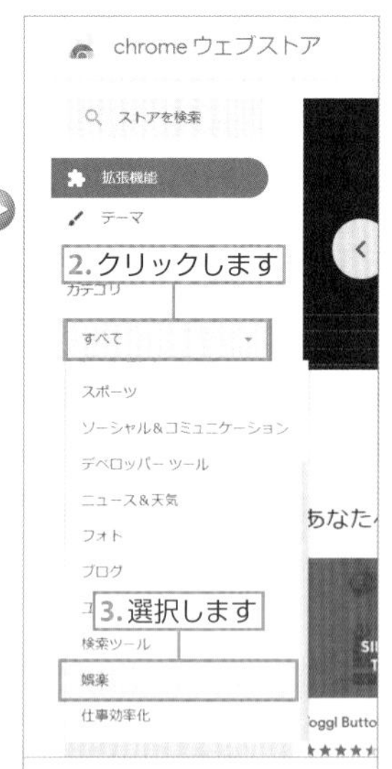

拡張機能名で検索

利用する拡張機能の名前がわかっている場合は、左上の検索ボックスに名前を入力して検索することもできます。

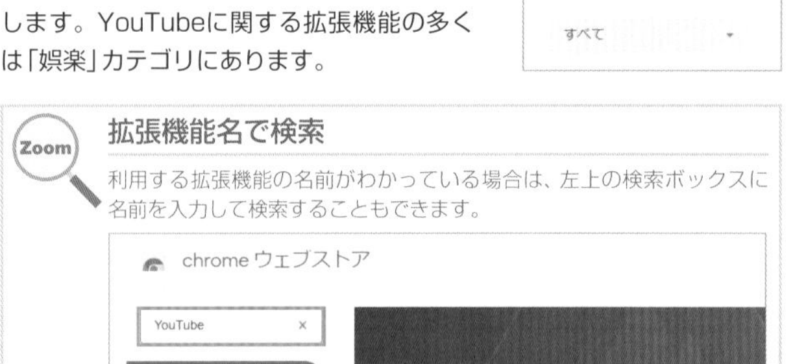

4 拡張機能を選択する

利用したい拡張機能の上にカーソルを持っていくと簡単な説明が表示されます。クリックすると、個別ページに移動して詳細を知ることができます。

5 詳細画面が表示される

拡張機能の詳細画面が表示されます。画面上部のボタンをクリックすると、「概要」「レビュー」「サポート」「関連アイテム」を見ることができます。
画面右上の「Chromeに追加」ボタンをクリックすると、インストールが始まります。

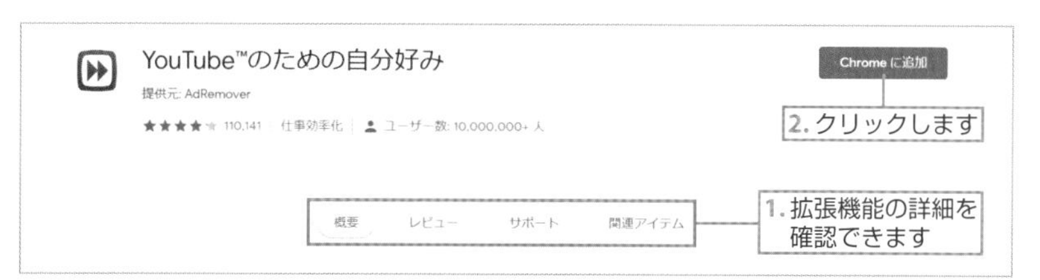

6 インストールの確認

拡張機能インストールの確認ウィンドウが表示されるので、「拡張機能を追加」ボタンをクリックします。

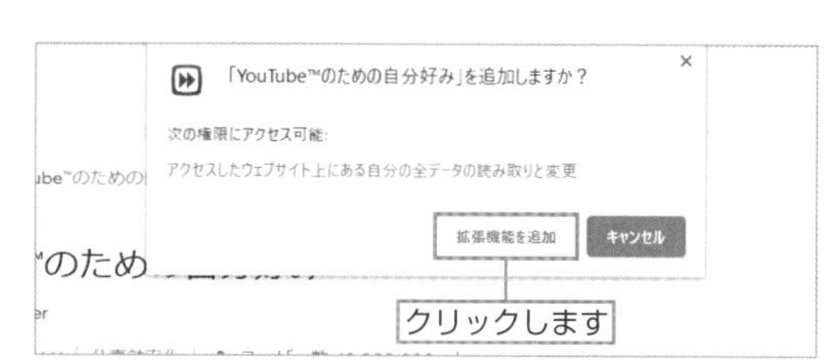

7 インストールの終了

拡張機能がダウンロード・インストールされます。拡張機能によっては自動的に解説ページが開いたり、アドレスバーの右側に拡張機能のアイコンが表示されることもあります。

Chrome拡張機能の編集

インストールした拡張機能は、管理画面から一時停止・削除することができます。
また、拡張機能によってはオプション画面で詳細な設定ができるものもあります。

拡張機能の編集画面を開く

1 設定アイコンをクリック

画面右上にあるアイコン ⋮ をクリックします。

2 「拡張機能」を選択する

プルダウンメニューから「その他のツール」を選択し、「拡張機能」を選択します。

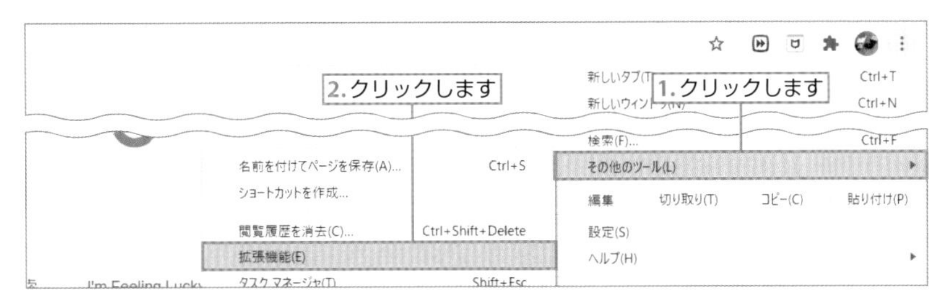

3 拡張機能管理画面を確認する

拡張機能の管理画面が表示され、インストール済みのすべての拡張機能が一覧表示されます。

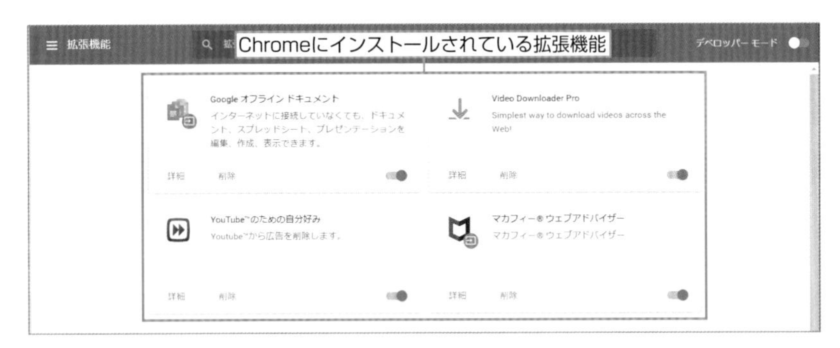

アクティブな拡張機能／拡張機能の一時停止

ボタンがカラーで表示されている拡張機能はアクティブな状態です。ボタンをクリックしてオフにするとグレー表示になり、機能が一時停止されます。もう一度クリックすると、アクティブに戻ります。

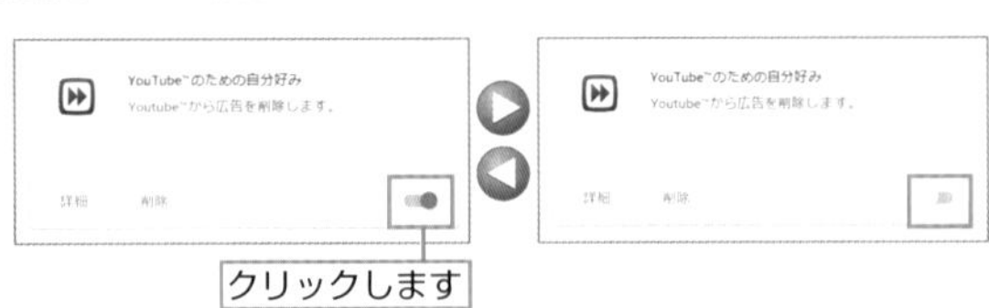

拡張機能を削除する

「削除」ボタンをクリックするとダイアログが表示され、もう一度「削除」ボタンをクリックすると、拡張機能がChromeから削除されます。

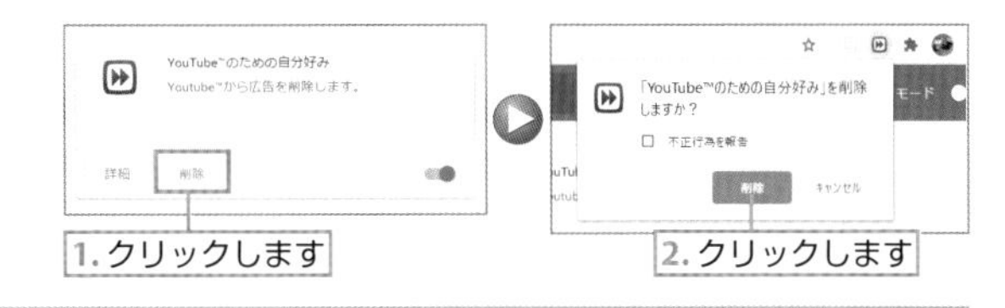

もう一度使いたいときは

削除した拡張機能を元に戻したいときは、chromeウェブストアからもう一度インストールし直します。

オプション画面を表示する

「詳細」ボタンをクリックして、詳細画面を表示します。画面下部の「拡張機能のオプション」をクリックすると拡張機能の使い方を見たり、各種設定を行うことができる操作画面が表示されます。ただし、操作画面が用意されていない拡張機能もあります。

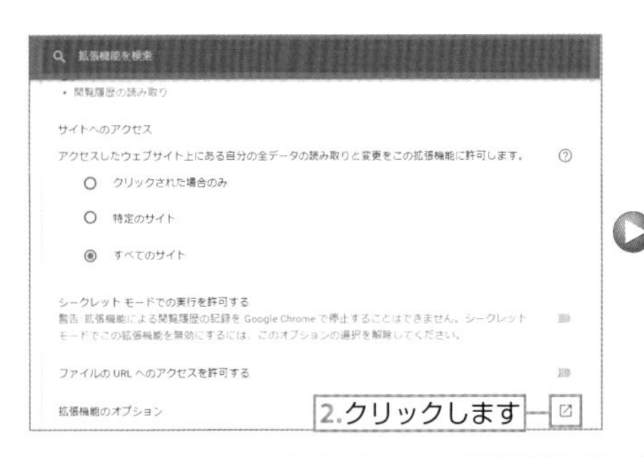

シークレットモードでの実行を許可する

シークレットモードとは、閲覧履歴やダウンロード履歴を記録しない特別なモードです。
拡張機能の「詳細」にある「シークレットモードでの実行を許可する」ボタンをオンにすると、通常拡張機能が動作しないシークレットモードの状態でも、その拡張機能を利用することができます。

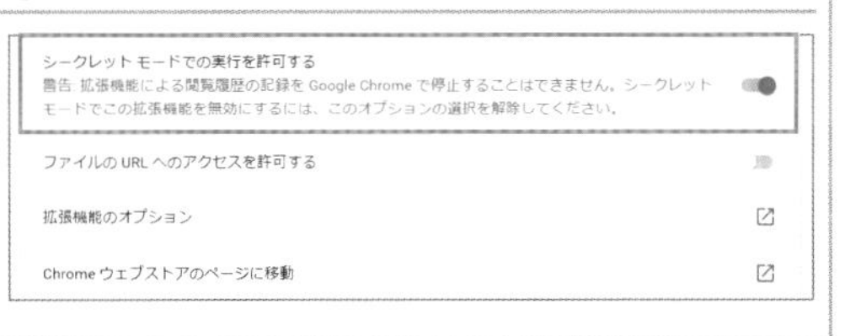

アイコンからメニューを開く

アドレスバーの右側にアイコンが表示されている拡張機能は、右クリックしてプルダウンメニューからオプションや無効化などの操作を行うことができます。

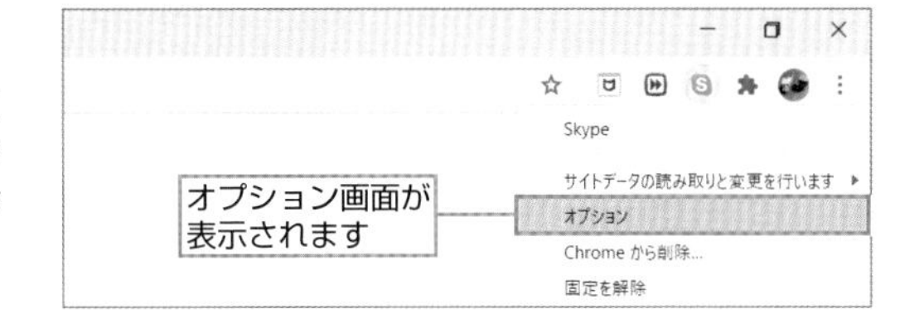

拡張機能の配布期間

拡張機能の配布期間が終了してしまった場合でも使い続けることはできますが、以降バージョンアップされないため、不具合が起こる可能性も高くなります。できれば利用を中止して、別のものを探したほうがよいでしょう。

Step 8-7

おすすめChrome拡張機能①「Turn Off the Lights」

「Turn Off the Lights」は、再生部分以外を暗くして、映画館のようにムービーを楽しむことができる機能拡張です。暗くする部分の色や透明度などを自分好みにカスタマイズすることも可能です。具体的なインストールの手順は、226ページを参考にしてください。

YouTubeムービーを映画のように楽しむ拡張機能

「Turn Off the Lights」は、インストールするだけで動画を映画のような気分で観ることができる拡張機能です。

映画スクリーンの様に映像や動画を観る
Turn Off the Lights
ユーザー補助機能 www.turnoffthelights.com

1 「Turn Off the Lights」をChromeにインストール

chromeウェブストアで「Turn Off the Lights」と検索して、Chromeに追加します。

2 アイコンをクリック

ムービーを再生したら、アドレスバーの右側に表示されるアイコンをクリックします。

3 周囲が暗くなった

ムービー以外の部分が暗くなり、見やすくなりました。

「オプション」画面での設定

ツールバーのアイコンを右クリックして開く「オプション」画面には、多数の設定項目が用意されています。

ムービーの周囲を飾る
ムービーの周囲を任意の色で飾ることができます。

背景の色を変更する
暗くなる部分の色や透明度を変更することができます。

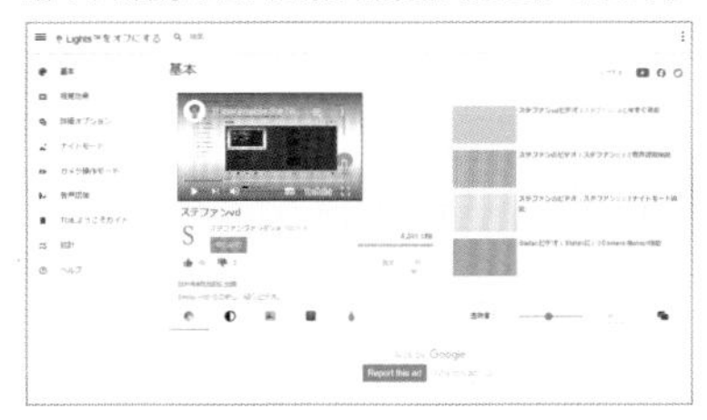

自動再生する
動画の再生が始まるとともに背景を暗くする機能です。

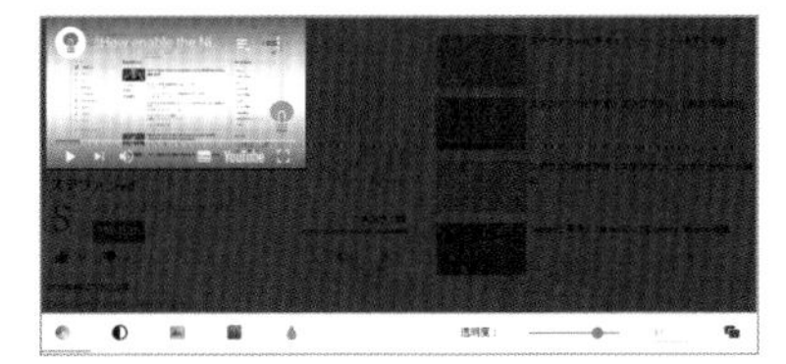

自動停止する
ページが開いたときに動画が自動的に再生するのを止めることができます。

表示する要素を選ぶ
ムービー以外に表示する要素をチェックボックスで選ぶことができます。

その他の設定

他にも詳細な設定項目が多数あります。

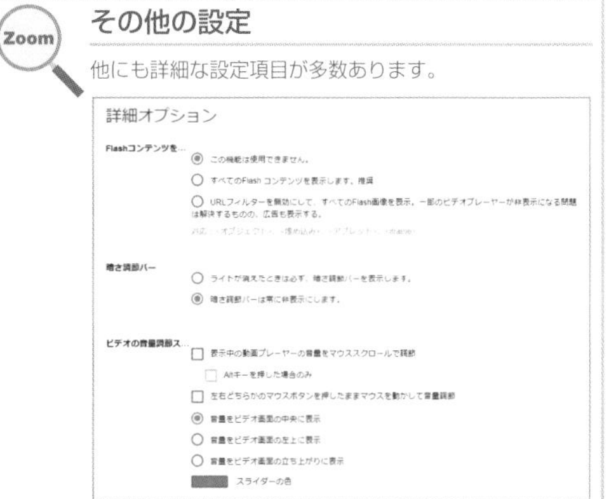

Step 8-8

おすすめChrome拡張機能②「Auto HD」

YouTubeにはHDクオリティの高画質ムービーも多数アップロードされていますが、高画質で観るためにはムービーのクオリティを毎回変更する必要があります。「Auto HD」は、インストールするだけで最初からHD画質で再生されるようになります。具体的なインストールの手順は、226ページを参考にしてください。

常に高画質でムービーを観る拡張機能

「Auto HD」は、インストールするだけで常に高画質設定で観賞することができる拡張機能です。

すべてのYouTubeビデオをHDで再生

Auto HD

仕事効率化　https://chrome.google.com/webstore/detail/auto-hd4k8k-for-youtube/ekdfpekepohohanbijegcfblpdifmbmc?hl=ja&

1 「Auto HD」をChromeに追加

chromeウェブストアで「Auto HD」を検索し、Chromeに追加します。
インストールが終わると、アドレスバーの右側にアイコンが表示されます。

2 ムービーを再生する

この状態でムービーを再生すると、最初からHDクオリティでムービーが再生されます。

3 設定を変更する

アイコンをクリックすると、デフォルト品質等の設定を変更できます。

1.クリックします

2.設定を変更できます

Auto
画質を指定します。最高8Kまで選ぶことができます。

Step 8-9

YouTubeで使えるショートカット

YouTubeにはムービー再生中に使えるキーボードショートカットがいくつかあります。覚えておけば、マウスを使ってカーソルを移動しなくてもキーボードでダイレクトに操作が行えるので、ムービー鑑賞中に視点が他の場所に移動することがありません。

キーボードショートカットを利用する

YouTubeで利用できるキーボードショートカットの例として、ムービーの一時停止と再生を見てみましょう。

1 ムービーを再生する

YouTubeでムービーを再生します。

動画を再生します

2 ムービーを一時停止する

キーボードのKを押すと、ムービーが一時停止します。もう一度キーボードのKを押すと一時停止が解除され、ムービーの再生が始まります。

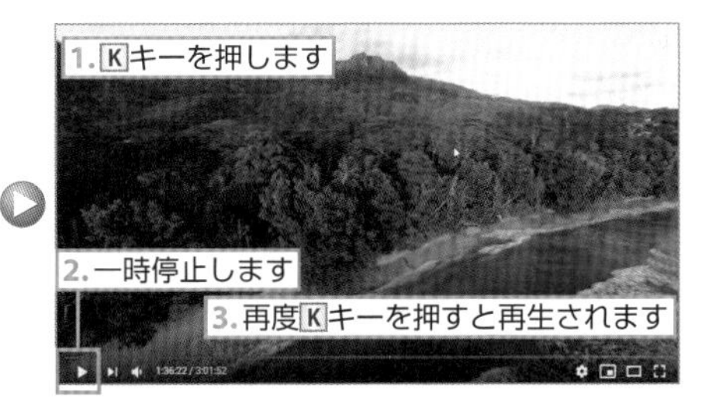

ショートカット一覧

YouTubeで利用できるキーボードショートカットの一覧です。

Space(スペース)、K	一時停止・停止解除
←	5秒巻戻し
J	10秒巻戻し
→	5秒早送り
L	10秒早送り
Home	最初に移動
End	最後に移動
0～9の数字キー	動画の○○%の位置にスキップ(「7」を押すと70%の位置にスキップ)
↑	ボリュームを上げる
↓	ボリュームを下げる

フルスクリーンモード

キーボードショートカットではありませんが、ムービーを直接ダブルクリックするとフルスクリーンモードに切り替わります。またフルスクリーンモードからは、ESCキーを押すと元に戻ります。

ショートカットが反応しないとき

複数のアプリケーションを使用していて、バックグラウンドで再生されているときはキーが反応しません。
もし反応しないときは一度ムービーの画面をクリックし、ブラウザをアクティブにしてからキーを押してみましょう。

Step 8-10

他のGoogleサービスでYouTube動画を使用する

Googleのクラウドストレージサービス「Googleドライブ」でYouTube動画を使ってみましょう。同じGoogleサービスなので、かんたんに連携できます。

Googleドライブのスライドに YouTube動画を埋め込む

「Googleドライブ」の機能のひとつである「Googleドキュメント」のスライド作成ツールで新規のスライドを作成し、YouTubeの動画を埋め込んでみましょう。ムービーを挿入することで、動きのあるスライドを手軽に作ることができます。

1 「Googleドライブ」にアクセスする

Chromeで「Googleドライブ(https://drive.google.com)」にアクセスし、Googleアカウントでログインします。Googleドライブの画面が表示されたら、左上の「新規」ボタンをクリックし、「Googleスライド」を選択します。

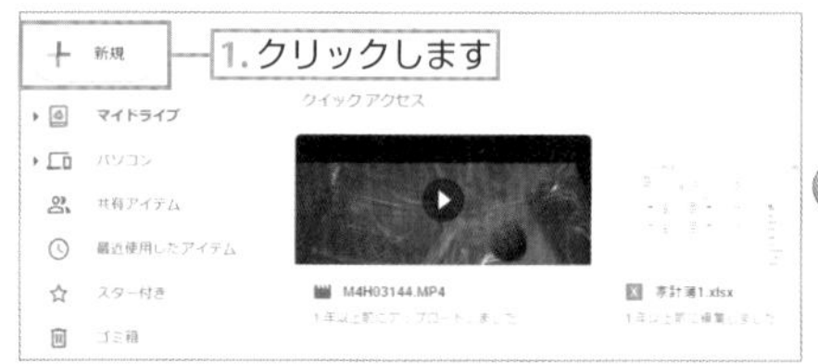

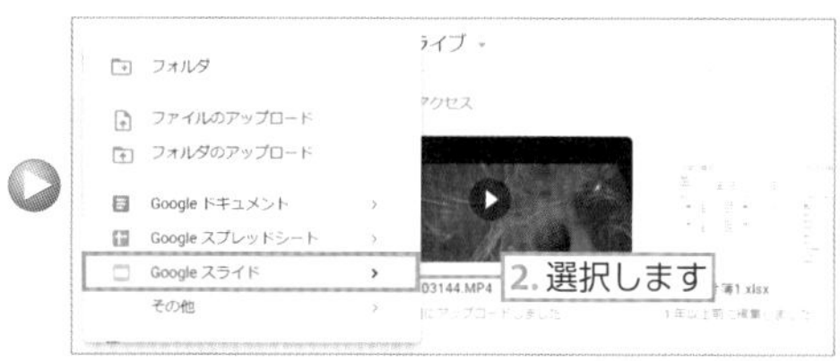

2 スライドが追加された

新しいスライドが追加されました。

3 動画を挿入

「挿入」メニューから「動画」を選択します。

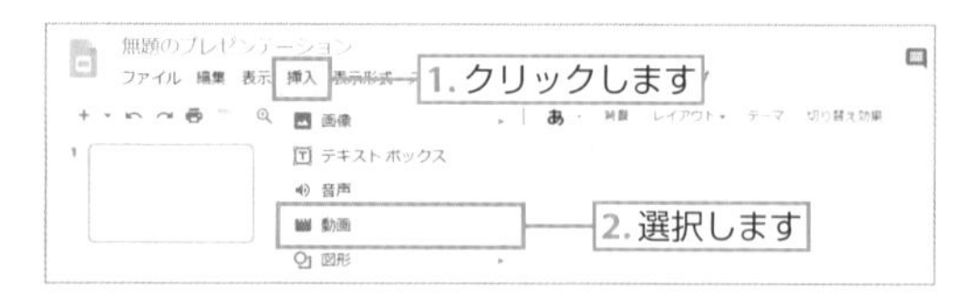

4 動画挿入ウィンドウが開く

動画挿入ウィンドウが開きます。検索ボックスに挿入したいムービーのキーワードを入力すると、YouTubeの検索結果が表示されます。

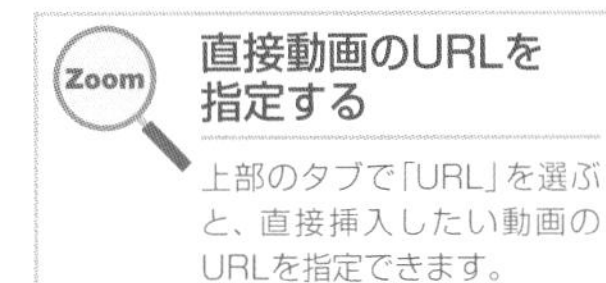

直接動画のURLを指定する

上部のタブで「URL」を選ぶと、直接挿入したい動画のURLを指定できます。

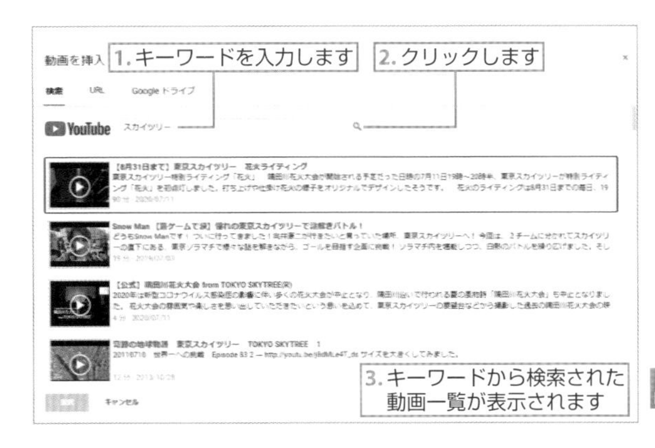

5 挿入するムービーを決定する

スライドに挿入したいムービーを選んで、「選択」ボタンをクリックします。使いたいムービーがない場合は、別のキーワードで検索してみましょう。

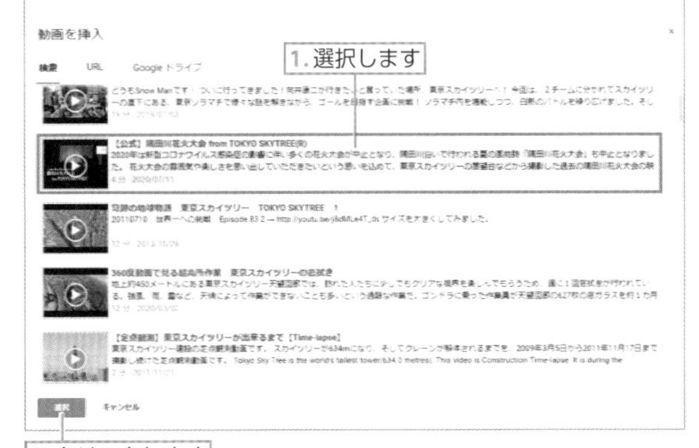

6 動画が挿入された

スライドの中央に選択したムービーが挿入されました。
ムービーをドラッグして場所を移動したり、四隅をドラッグして拡大縮小することも可能です。

7 説明を入力する

動画の下に説明文を入力します。

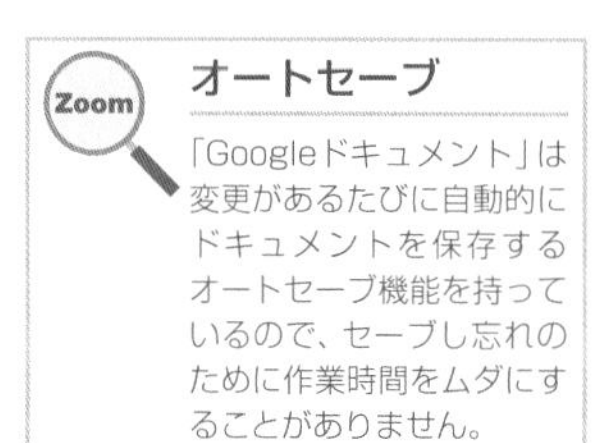

Zoom オートセーブ

「Googleドキュメント」は変更があるたびに自動的にドキュメントを保存するオートセーブ機能を持っているので、セーブし忘れのために作業時間をムダにすることがありません。

8 確認する

画面右上の「プレゼンテーションを開始」ボタンをクリックします。

9 スライドを表示して確認する

作成したスライドが別ウィンドウで表示されます。再生ボタンをクリックして、動画を確認しましょう。

Step 8-11

YouTubeをテレビで楽しむ

YouTubeの視聴機能がついているテレビなら、PCで開いているYouTube動画を、テレビに転送することが可能です。PS4やXBOXを持っている場合は、ゲーム機のYouTubeアプリを使って、PCの動画をテレビに映し出すこともできます。

PCとテレビを連携させる

Part8

YouTubeをテレビで観るには、はじめにテレビまたはゲーム機とパソコンをペア設定しておく必要があります。テレビやゲーム機でYouTubeアプリを起動しておき、ペア設定用の番号をPCに入力するだけで設定が完了します。

1 ペア設定コードを入力する

事前にテレビやゲーム機でYouTubeアプリを起動させてペアコードを表示しておきます。PCを開いて画面右上のYouTubeアカウントから「設定」画面を開き、左側のメニューの「テレビで見る」をクリックして、テレビに表示されているペアコードを入力します。「このテレビを追加」ボタンをクリックします。

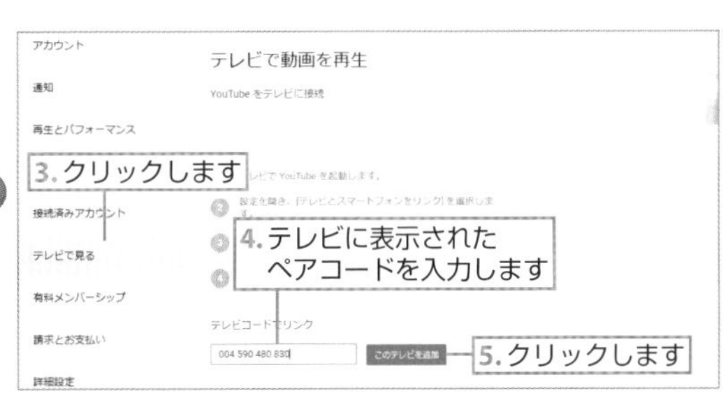

2 ペア設定が完了する

ペア設定コードが正しく入力できていれば、この画面が表示されます。名前をわかりやすいものに変更して、「名前を変更」ボタン→「完了」ボタンをクリックします。

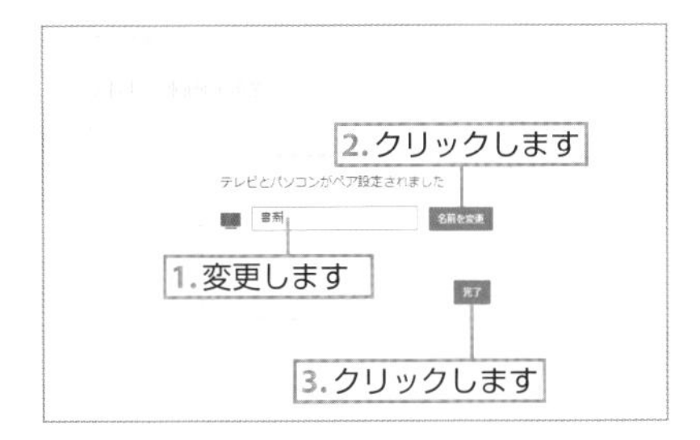

3 動画を再生する

PCで動画を検索して、再生したい項目を開きます。右下のアイコンから再生するデバイスを選択すると、テレビで再生されます。

INDEX

アルファベット

あ行

か行

さ行

た行

な行

は行

ま行

ら行

著者紹介

株式会社タトラエディット

2012年福岡県にて起業。
Macintosh、Windows、スマートフォン関連のテクニカルライティングの分野で活躍。

■ 主な著書
「Windows 10 パーフェクトマニュアル」
「Minecraftを100倍楽しむ徹底攻略ガイド」
（以上、ソーテック社）
「Pocket Edition版 マインクラフトを120% 遊びつくす！」（宝島社）
「テキパキこなす！新社会人のためのエクセル＆ワードの常識141」（インプレス）

［執筆協力］ 平野可奈子

2020年11月10日　初版　第1刷発行
2021年3月31日　初版　第2刷発行

著者　タトラエディット
装丁　植竹裕
発行人　柳澤淳一
編集人　久保田賢二
発行所　株式会社ソーテック社
〒102-0072　東京都千代田区飯田橋4-9-5　スギタビル4F
電話（注文専用）03-3262-5320　FAX03-3262-5326
印刷所　図書印刷株式会社

Printed in Japan
ISBN978-4-8007-1275-2